Vom
Verschwinden
der Arten

종의
소멸

종의 소멸
생물다양성 상실이 초래할 미래

초판 1쇄 인쇄일 2024년 8월 5일   초판 1쇄 발행일 2024년 8월 9일

지은이 카트린 뵈닝게제·프리데리케 바우어 | 옮긴이 이미옥
펴낸이 박재환 | 편집 유은재 신기원 | 마케팅 박용민 | 관리 조영란
펴낸곳 에코리브르 | 주소 서울시 마포구 동교로15길 34 3층(04003) | 전화 702-2530 | 팩스 702-2532
이메일 ecolivres@hanmail.net | 블로그 http://blog.naver.com/ecolivres
출판등록 2001년 5월 7일 제201-10-2147호
종이 세종페이퍼 | 인쇄·제본 상지사 P&B

ISBN 978-89-6263-282-8 03470

책값은 뒤표지에 있습니다.   잘못된 책은 구입한 곳에서 바꿔드립니다.

종의 소멸

생물다양성 상실이 초래할 미래

카트린 뵈닝게제 · 프리데리케 바우어 지음 | 이미옥 옮김

에코리브르

우리 아이들 요하네스, 레오, 제바스티안에게 바칩니다.

차례

———

머리말

—

자연은 정치적이다. 자연은 우리 모두와 상관있다. 도시에 살든 시골
에 살든, 우리가 먹는 채소를 직접 재배하든 슈퍼마켓에서 구입하든,
공원 산책을 좋아하든 영화 보기를 더 좋아하든 마찬가지다. 우리 곁
에서 성장하고, 푸른 싹을 틔우고 꽃을 피우며, 꽥꽥거리고 윙윙거리
고 짹짹거리는 모든 것은 우리에게 아무래도 괜찮은 존재가 아니다.
세상 어디나 마찬가지다. 우리 모두는 자연과 자연의 풍성함, 그리고
자연의 성과에 종속되어 있고, 우리에게는 물, 공기, 음식과 휴식이
필요하다. 정확하게 말하면, 비록 이런 사실이 우리의 생활양식으로
인해 항상 분명하지는 않고 이미 오래전부터 그렇게 행동하지 않았음
에도, 우리는 자연의 일부다.

　사실 우리 인간은 유례없이 숨 막히는 속도로 자연을 과도하게 이
용하고 있다. 우리는 자연을 건강한 수준을 넘어서서 우리에게 '예속'
시켰다. 모든 생태계의 절반은 이미 상당히 변했고, 대략 800만 종
가운데 100만 종이 멸종 위험에 처해 있다. 근래에는 지상에 바이오
매스(Biomass: 식물·동물·미생물 등의 생물체—옮긴이)보다 인간이 생산한

재료가 더 많은데, 콘크리트·아스팔트·금속·플라스틱·유리·종이 같은 재료들이다. 엄청난 파급효과를 낳은 변화다.

여기서 악의적인 점은, 이 같은 자연 손실의 과정이 살금살금 이루어지며 우리가 직접 감지할 수 없다는 사실이다. 그러니까 조용히 진행되는 멸종으로, 생물다양성이라고 할 때 포함하는 세 가지 차원에서 그렇다. 즉, 종들의 다양성, 종들 내에서의 다양성, 그리고 생태계의 다양성이라는 차원에서 일어나는 멸종이다. 오랫동안 이와 관련해서는 무엇보다 개별 동물의 멸종에만 주의를 집중했다. 사람들은 유인원, 코끼리나 코뿔소의 멸종에 많은 관심을 보이곤 했다. 이들 동물의 운명은 의심할 바 없이 애석한 일이다. 하지만 여기서는 개별 동물이 아니라 그 이상, 그러니까 파괴되거나 황폐화되고 그리하여 생명을 더 이상 수용하지 못하는 서식지 문제다. 매년 대략 1000만 헥타르의 숲이 사라지는데, 이는 포르투갈 국토보다 더 넓으며, 이로써 동물과 식물을 위한 유일한 서식지, 다시 말해 물과 공기를 걸러주는 필터 역할을 하고 이산화탄소 저장소 역할을 하는 서식지가 사라지고 있다. 하나의 종이 사라진다고 해서 별로 달라지는 것은 없다고 주장하는 논쟁은 냉소적일 뿐 아니라, 될 대로 되라는 식의 부주의한 태도다.

그렇기에 이제 우리는 생물다양성을 논해야 할 시간이며, 이렇듯 다루기 힘든 개념을 우리의 어휘와 논쟁에 장착해야 하는 시기다. 이 개념은 기후변화, 에너지 위기, 코로나 팬데믹, 연금 체계 또는 자녀들 교육과 같은 대화 주제가 되어야만 한다. 생물다양성은 더 이상 낭만주의자들이나 별난 사람들이 관심을 갖는 틈새 주제가 되어서는 안 된다. 오히려 이 주제는 정치적 논쟁의 중심으로 들어와야 한다. 지금까지 생물다양성은 지속가능성과 동일한 가치를 가진 논의 주제가 아니었다. 하지만 생물다양성과 관련해서 신속하고도 단호한 조처가 없다면 우리는 삶의 근거가 되는 바탕을 잃게 된다. 벌들이 더 이상 수분(受粉)을 시켜주지 않는다면, 토양이 오염되고 바다에서 과도하게 어업 행위를 하면, 인간도 살기가 수월하지 않을 것이다. 이런 결과를 도처에서 감지하지는 못할지라도, 이는 결코 먼 미래에 있을 시나리오가 아니다. 즉, 스위스 세계경제포럼 발표에 따르면, 전 세계가 이뤄낸 경제성과의 절반이 자연의 몰락으로 인해 위험에 처해 있다고 한다.

2022년 12월, 세계 자연 정상회의(제15차 생물다양성협약 당사국총회─옮긴이)가 세간의 주목을 받으며 몬트리올에서 개최되었고 성공적으로 막을 내렸다. 여기서 국제 공동체는 자연과 다시 조화롭게 살아가기 위해 금세기 중반까지 이루어야 할 목표를 담은 야심 찬 계획을 수립했다. 이때 발표한 합의문을 모든 정치인이 반드시 의무적으로 읽게 해야 한다. 왜냐하면 이 문서에는 학계에서 추천하는 많은 해결책이 담겨 있기 때문이다. 예를 들어 자연과 인간의 행복을 위해 자연보호구역을 더 많이 늘리고 농약 같은 병충해 방제 약품을 덜 사용하는 것이다.

이런 계획이 종이호랑이가 되지 않게 하려면, 각국에서 이 계획을 법과 규정으로 변환해야 한다. 이는 간단한 일이 아니다. 그렇게 하려면 대중의 압력과 시민의 요구가 있어야 하며, 전반적으로 이 주제에 관한 더욱 강력한 인식과 관심이 필요하다. 그리고 우리 모두가 책임을 분담해 기여할 수 있어야 한다.

이 책은 바로 그와 같은 의도로 썼었다. 생물다양성의 의미를 제대로 인식할 수 있도록 말이다. 이를 위해 우리는 그동안의 결과를 살펴보고, 현재 어떤 시점에 있고, 자연 훼손이 얼마나 심각한지 보여주고, 그 원인을 파악하며, (국제적) 정치 논쟁에 대해서도 정리하고 해결책을 소개하고자 한다.

우리 공저자들은 수상 경력이 있는 유능한 생물다양성 전문가 여성과 지속가능성 분야에서 능력을 입증한 기자이자 여성 작가로 이루어져 있다. 한 명은 생물학 전공자이고, 다른 한 명은 국제 (개발) 정치학 전공자다. 이 책은 공동작품이며, 생물다양성 연구와 기자로서의 정치적 작업에서 나온 지식과 능력의 합작이다. 전문분야와 개인적 배경은 상이하지만, 우리는 생물다양성을 보존하는 일이 앞으로 우리가 열정을 쏟아 매달려야 할 과제라고 확신한다. 그렇게 해야 하고, 사실 우리 모두가 그렇게 해야 한다.

1

지질학의 전환점
다양한 종들의 유례없는 손실

우리는 "닭들의 행성"에 살고 있다. 닭 개체수는 지난 몇 년 사이 폭발적으로 증가해 오늘날 230억 마리로 늘어났다.[1] 이 닭들은 인간을 위해 키워진다. 다른 어떤 조류도 그렇게 많거나 많았던 때는 없었다.[2] 이로써 인간보다 대략 세 배나 많은 닭이 있고, 그 수량은 야생에서 사는 모든 조류를 훨씬 능가한다. 새들의 개체수는 지속적으로 줄고 있다. 미국만 하더라도 지난 50년 동안 전체 새 가운데 거의 3분의 1이 사라졌다. 이는 30억 마리에 해당한다.[3] 이로 인해 조류 세계에 불균형이 생겨났고, 이는 아주 이례적인 규모일 수 있으며 전반적으로 어떤 일의 징후로 볼 수 있다. 즉, 조류든 숲이든, 열대초원이든 포유류든, 물고기든 산호초든, 도처에서 자연 서식지가 사라지고 있고 이와 함께 생물다양성도 사라지고 있다. 그것도 맹렬한 속도와 유례없는 수준으로.

그런데도 이 같은 변화는 아직도 일반 사람들의 의식에 파고들지 못하고 있다. 어쩌면 위기와 대재난, 논점과 임계점(티핑포인트)에 대해 듣는 일에 익숙해져서일 수도 있다. 아니면 우리는 그런 주제에 진저리가 나서 이렇게 생각할지도 모른다. 어차피 이제 구하지도 못할 텐데 뭘. 이처럼 문제들이 뒤엉켜 있어서, 모든 것이 어차피 '절대적 최하점'에 있거나 '최대 규모의 재난'을 향해 간다면, 그러니까 세계의 멸망을 향해 달려간다면, 하나의 위기 현상은 다른 위기와 더 이상 구분되지 않는다. 그러나 그것은 오류다. 자연과 종의 소멸 문제는 진정 존재론적 위기이기는 하지만 그렇다고 해서 속수무책으로 당해야만 하는 부정적이고 극단적인 위기는 아니기 때문이다. 우리는 이에 대항해 무언가 시도할 수 있다. 이를 위해 자연 서식지와 종의 다양성 감소를 반드시 언급해야 하는데, 그사이 극적으로 감소했고 인류 역사상 이처럼 심각한 적이 없었기 때문이다. 역사적으로는 물론 심지어 성서에 의거해도 그렇다. 즉, 오늘날 멸종 비율은 지난 1000만 년 동안의 평균 비율에 비해 10~100배 더 늘어난 수치이고,[4] 몇몇 자료는 심지어 1000배를 넘어선다고 나와 있다. 조금 더 구체적으로 말하면, 전 세계적으로 자연 생태계는 이미 대략 절반은 감소했고 4분의 1은 인간의 발길이 닿지 않은 상태다.[5]

이러한 방식으로 개별 종인 우리가 장차 수천 년, 아니 수백만 년에 걸쳐 자연에 영향을 끼치게 된다. 심지어 우리가 단번에 멸종한다해도, 지구의 퇴적 역사를 통해 수백만 년이 흐른 뒤에도, 지구상에 분명 이례적인 사건, 즉 자연의 근본적인 변형이 일어났다는 사실을 알 수 있을지 모른다. 고생물학에서 현재의 국면은 지구 역사상 여섯 번째 대량멸종으로 기록될 것이며, 사람들은 다음과 같이 언급할지도 모른다. 앞서 다섯 번이나 일어났던 일이니 전혀 새로울 것 없음. 물론 오늘날의 경우와 과거에 일어났던 멸종 사이에는 결정적 차이가 있다. 과거의 멸종은 자연적 원인에 따른 결과로, 화산폭발과 소행성 충돌 때문이었다. 그런데 이제는 우리 인간이 상실의 원인이다. 우리는 과거에 들어본 적도 본 적도 없는 수준으로 자연에 개입하고 있으며, 이런 개입도 그리 오래되지는 않았다.

인간은 항상 지상에 흔적을 남겼는데, 동물을 사냥했고, 나무를 베었으며, 불을 피웠고, 달궈진 쇠로 도구를 만들었고, 동굴과 오두막을 짓기 위해 재료를 모았으며, 들판을 갈고 쓰레기를 퍼뜨렸기 때문이다. 예를 들어 덩치가 크고 잘 날지 못하는 도도새는 모리셔스와 레위니옹섬에서 300년 이전에 멸종했는데, 유럽인 거주자들이―간단하게 서술한다면―이 새의 고기와 알을 먹었기 때문이다.[6] 또한 유럽에 있던 원시림의 많은 부분이 사라졌다. 전형적인 예가 로마인인데, 그들은 집을 짓고 배를 건조하느라 거대한 숲에서 무섭게 벌채했다. 달리 표현하자면, 인간이 살고 일하고 죽었던 곳에서는, 자기에 맞는 환경을 조성했고 그러다가 자연을 파괴했던 것이다. 하지만 그 파괴 정도는 오늘날의 차원과는 결코 비교할 수 없다.

자연에 대한 엄청난 수요는 대략 70여 년 전부터 제대로 속도를 냈다. 이 시기는 이른바 '황금의' 1950년대라 불렸으며, 새로 시작하는 들뜬 분위기가 팽배했고, 무한한 낙관주의와 새로운 복지를 위해 매진했다. 물론 이 시기는 그사이 빨리 진행되고 있던 발전의 초반부이기도 했다. 지질학적으로 봤을 때 인간이 자연에 미친 영향은 직선

형태가 아니라, 당시부터 그야말로 엄청난 속도로 가속되었다. 그 가운데 많은 것이 의식하지 못한 채 일어났으며, 현대사와 전후(戰後)의 특수한 욕구라는 배경에서 보면 충분히 납득할 수 있다. 그러나 그 사이 우리는 한계를 알았고, 지구의 자원은 유한하며 따라서 결단력 있게 방향을 전환해야 한다는 점을 알게 되었다.

당시는 제2차 세계대전을 막 극복한 상태였고 모든 것이 다시 아름다워져야만 했다. 독일뿐 아니라 다른 많은 국가에서도 말이다. 사람들은 앞을 보고자 했지 뒤를 보려고 하지 않았다. 폭력은 이윤에 자리를 내주어야 했고, 편안하고 쾌적한 것이 두려움을 밀어냈다. 사람들은 건설·성장을 향했고, 소비·안전과 '이상적인 세상'을 지향했다. 자연은 그냥 거기에 있을 뿐이었고, 무한정 사용할 수 있어 보였으며 당시의 숙고에 큰 역할을 하지 못했다.

핵심은 인간의 욕구

독일의 유명 사진작가 유프 다르힝거(Jupp Darchinger)의 사진 한 장은 당시 분위기를 잘 포착하고 있고 시대정신에 대한 어느 정도의 증거를 제시한다.[7] 한 가족이 일요일에 야외 피크닉을 즐기는 사진이다. 모든 것이 조화롭고 평화로워 보인다. 잔디밭 위에는 돗자리가 하나 깔려 있고, 부모는 쾌적하게 에어 매트리스 위에서 쉬며 가져온 버터빵을 먹고 있다. 심지어 도자기 그릇도 빠지지 않는다. 아들은 배드민턴을 막 치고 있고, 손에는 라켓이 들려 있다. 그렇듯 모든 것은 멋지고 충분히 공감 가는 상황이다. 이 사진에서 흥미롭고 비밀을 누설하는 부분은 전면(前面)이 아니라 부수적인 정보를 제공하는 배경 부분이다. 그러니까 경제적으로 다시 일어난 독일의 지위를 상징하는 폭스바겐 자동차가 경치 좋은 풍경 한가운데 주차되어 있고 숲은 무대로 치면 측면의 배경일 뿐이다. 사진 전면에는 자신의 욕구를 성취한 인간이 있는데, 사진이 전달하고자 하는 메시지는 이 인물로 파악할 수 있다.

이러한 생각을 뒷받침하는 증거를 찾기 위해 단 한 장의 사진으로 과도하게 해석해서는 안 된다. 그런데 이 시대에 나온 증거는 충분히 있다. 1950년대를 다룬 거의 모든 책과 전시는 물질에 대한 추구를 공공연하게 밝히고 있다. 즉, 새로운 헤어드라이어부터 전자레인지, 냉장고와 세탁기가 구비된 부엌, 소형 책상이 딸린 거실, 텔레비전, 돼지고기와 케이크가 나오는 고칼로리 식사를 거쳐, 도로 확장과 도시 건설 그리고 막 시작된 관광에 이르기까지. 소비와 낙관이 새로운 가치로 같이 용해되는 것처럼 보였다. 항상 인간의 발전이 중요했으며, 자연에 미칠 결과에는 별로 관심이 없었다.

경제부 장관 루트비히 에르하르트(Ludwig Erhard)는 당시 슬로건으로 "모두를 위한 복지"를 내걸었다. 기본적으로는 잘못된 게 없을 수도 있다. 왜 부자들만 따뜻한 침대와 편안한 집을 가져야만 하는가? 특히 에르하르트는 경제학을 배운 사람으로서 사람들이 동경하는 바를 표현했다. 1940년대의 굶주렸던 시기, 특히 1946/1947년의 배고팠던 겨울이 지나자 사람들은 새로운 시대의 상징으로 음식이 가득 차려진 식탁, 쾌적하고 안전한 집을 원했다. 독일만 그렇지도 않았다.

거의 세계 전체가 제2차 세계대전의 광기, 전쟁의 잔혹함과 제약으로 인해 어떤 형태로든 괴로움을 겪었다. 그 이후에 생산을 우선시하고, 새로운 기술들을 열정적으로 받아들인 것은 놀라운 일도 아니다.

하지만 그러는 가운데 자연에 돌아갈 결과에 대해서 아무 생각을 하지 않았다는 점은 극단적인 태만이며—오늘날의 시각에서 보면—완전히 살못된 전철(轉轍)이었다. 고전이 된 에르하르트의 저서 《모두를 위한 복지》[8]는 거의 300쪽에 달하지만 이 책에는 자연이라는 단어가 한 번도 등장하지 않는다. 자연이라는 말은 당시 사람들의 고민과 숙고에는 거의 들어 있지 않았다. 자연은 거기에 있었고, 사람들은 발전을 지향하면서 마음대로 자연을 이용했다. 하지만 완전히 모르는 상태는 아니었다. 당시 새로 시작하는 분위기는 기술이 최고라는 환상을 불러일으켰다. 그리하여 살충제를 생산한 미국인 로버트 화이트스티븐스(Robert White-Stevens)는 심지어, 인간이 "지속적으로 자연을 통제"하게 되리라는 의견을 피력하기도 했다.[9]

더 나은 세계의 새로운 상징으로 여겨지던 유엔의 경우에도 환경과 원자재 소비라는 주제를 처음에는 중요시하지 않았다. 당시의 보고와 연설을 살펴본 사람이라면, 예를 들어 전설적인 유엔 사무총장 다그 함마르셸드(Dag Hammarskjöld)의 1955년 연례 보고서를 보면,[10] 주로 전쟁과 평화, 경제 발전에 관한 현안들이 대부분이었다. 위협적인 갈등과 새로운 궁핍이 당시의 지배적인 주제였다. 이는 자연 애호가로 알려진 함마르셸드에게도 해당되는데, 그는 휴가 때면 바닷가나 스웨덴 남부 숲에서 보내는 것을 가장 좋아했다고 한다. 심지어 그도 루트비히 에르하르트처럼 '모두를 위한 더 풍족한 삶'에 대해 이야기했다.[11] 복지가 자연에 부담을 주어서는 안 되며 착취하는 경제는 그 대가를 치른다는 점을 진지하게 고려하는 태도가 유엔에 등장한 것은 시간이 한참 지난 뒤였다. 환경 현안에 관한 최초의 세계 회의는 1972년 스톡홀름에서 개최되었다. 환경문제에 관한 특별 프로그램인 유엔환경계획(UNEP)도 그때서야 생겨났으니, 세계 기구가 설립된 지 거의 30년 뒤다.

그런데 자연보호는 역사적으로 훨씬 이전부터 있었으며 어쩌면 자연의 이용만큼 오래되었을지 모른다. 그러나 자연보호는 20세기의 마지막 4분기에야 비로소 폭넓은 관심을 얻었다. 아시시의 성 프란체스코는 이미 12세기에 자연에 대한 심오한 존경을 표현했고, 그의 유명한 태양의 노래에서 창조의 아름다움을 칭송했으며 심지어 자신의 "형제"인 새들에게도 설교했다. 알렉산더 폰 훔볼트(Alexander von Humbolt)는 자연을 연결된 전체이자 생명의 연결망으로 표현했는데, 이 개념은 현대적 자연 이해의 시작점이다. 지속가능성 개념은 독일 산림경제에서 나왔는데, 이에 따르면 벌채한 뒤에도 자연적으로 다시 자랄 수 있을 만큼만 나무를 베어야 한다. 이 개념은 17세기까지 거슬러 올라간다. 최초의 자연보호구역은 19세기 이후에 비로소 등장했다. 독일에서는 1836년 이후 드라헨펠스에서 생겨났다. 남아프리카와 미국에서는 19세기에 보호구역이 생겼으며, 일부는 이기적인 이유에서였다. 흔히 이런 보호구역은 지배자들의 사냥터로 이용되었기에 보호했던 것이다. 독일 환경단체 NABU(자연 및 생물다양성 보존 연맹) 같은 자연보호 운동은 20세기 전환기까지 거슬러 올라간다. 또한 나치즘에서도 자연은 이데올로기적으로 중요한 역할을 했다. 1935년 제국자연보호법이 통과되었는데, 이는 물론 혈통과 땅을 분리할 수 없다는 나치의 피-땅 세계관과 민족적 신념의 근거가 되었다.

환경의식의 확산

하지만 인간이 미래에도 사용해야 할 지구를 마음대로 주물럭대고 그리하여 자멸의 위험을 자초하고 있다는 인식은 비교적 최근에야 생겨났다. 자연자원이 무한정하지 않다는 인식은 1960년대부터 비로소 자라났고 그나마도 초기에는 간헐적으로 나타났다. 이에 관한 핵심 저서는 1962년에 출간된 레이첼 카슨(Rachel Carson)의 《침묵의 봄》이다. 이 미국 여성은 자신의 저서에서 대대적인 살충제 살포와 이로 인해 인간과 자연에 미칠 여파에 대해 절박하게 경고한다. 새들이 사라지고 있고 더 이상 지저귀지 않는다는 사실을 그녀는 관찰했고, 책 제목도 그런 의미다. 오늘날의 관점에서 보면 그녀의 발언은 거의 예언에 가까운데, 다른 많은 종에 비하면 새들에게 가해지는 위협은 덜하기 때문이다. 하지만 새들의 멸종은 무서울 정도로 심각하게 일어나고 있다.

그로부터 10년 뒤 스톡홀름에서 환경회의가 개최될 뿐 아니라, 같은 해 로마클럽은 이제 고전이 된 《성장의 한계》[12]라는 보고서를 펴낸다. 이 보고서에는 인류가 계속해서 높은 성장을 추구한다면 언젠가 한계에 부딪힐 것이라는 내용이 담겨 있다. 대부분 학자로 구성된 60명의 저자는 기본적으로 자연을 모든 차원에서 과도하게 사용하고 있다는 사실을 확인했는데, 이러한 남용은 1950년대부터 폭발적으로 늘어나 오늘날까지 이어지고 있다.

이는 수많은 통계에서도 나타나며, 통계의 그래프 곡선은 대부분 가파르게 상승하는 모습이다.[13] 한편으로 전반적으로 볼 때 인간이 오늘날보다 더 잘 살았던 적은 없다. 우리는 더 오래 살고,[14] 의학적으로 더 잘 관리받고 있으며, 더 많은 복지를 누리고, 분명하게 증가한 국민총생산을 경험하고 있다.[15, 16] 그리고 과거에 비해 대체로 교육도 더 잘 받고 있다. 특히 아주 긴 기간을 놓고 보면, 그와 같은 효과를 관찰할 수 있다. 즉, 기원 원년인 0년에는 지구에 대략 2억 3000만 명이 살았고 평균 수명이 고작 24세였으며, 국민총생산은 대략 750달러에 머물렀다. 반면 1950년에는 지구에 사는 인구가 25억 명이었고 평균 수명은 46세, 국민총생산은 거의 3300달러에 달했다. 이는 놀라운 성과지만, 매우 오랜 기간에 걸쳐 이루어졌다. 2020년에 세계 인구는 78억 명이며, 73세까지 살수 있다고 희망해도 된다. 국민총생산은 이미 2016년에 1만 4500달러를 넘어섰다.[17] 물론 전 세계적으로 범위가 커지고 더 넓어졌는데도 말이다. 1950년대 이후 '거대한 가속(great acceleration)'으로 불리는 발전이 일어났다.

그 자체로 좋은 이 같은 발전에는 이면(裏面)이 있으며, 우리는 그런 이면의 결과를 오늘날 더욱 분명하게 보고 감지하고 있다. 즉, 앞에서 서술한 성장은 유례없는 자연의 변화를 수반했고, 우리는 생태학적·진화적·지질학적 과정을 거듭해서 더욱 변화시키고 있다. 인간이 결정적 영향을 미치는 시대라 해서 새로운 지질학적 시대를 인류세라고 부르는 데는 그럴 만한 이유가 있으며, 인간은 이 시대에 결정적 인자가 되었다. 1950년대부터 수명·국민총생산·교육을 비롯해 몇 가지 다른 긍정적 수치의 곡선이 가파르게 올라간 것과 마찬가지로, 에너지 소비, 이산화탄소 배출, 자연 생태계 상실, 어획량, 비료 사용, 근해의 질소 적재를 비롯한 많은 것들의 곡선도 가파르게 상승하고 있다.[18] 그리고 이 같은 트렌드는 그야말로 위협적이다.

치명적이게도 지금까지 관련 국제적 합의가 충분히 바뀌지 않았다. 1992년부터 생물다양성협약(CBD)이 존재하며, 이는 자연보호와 자연의 지속가능한 사용을 염두에 둔 강력한 내용을 담고 있다. 하지만 이 합의는 다른 관심 사항과 충돌하면서 오랫동안 필요한 주목을 받지 못했고 합의에 상응하는 실행력도 갖추지 못했다. 2022년 몬트리올에서 열린 세계 자연 정상회의 이후 무언가 약간 바뀌기 시작한 것 같다. 하지만 관심은 늘어난 듯해도 필요한 실행은 여전히 빠져 있다. 지금까지 생물다양성 감소는 전혀 멈추지 않았고, 성장을 위해 자연에 부담을 주는 행위도 멈추지 않았다. 4초마다 축구장 크기의 숲이 사라지고 있고,[19] 수십 만 종이 멸종 위험에 처해 있다. 사라지고 있는 모든 종들로 인해 수백만 년의 진화 역사가 해체된다. 그러나 자연을 필요로 하는 것은 사람이다. 사람들은 그 반대인 척하고 있지만 말이다. 사람은 자연의 일부이며, 자연과 함께 발전했고 오늘날까지 수많은 방식으로 밀접하게 연계되어 있기 때문이다. 인류가 지금까지 해온 것처럼 앞으로도 계속 행동한다면, 자기가 앉아 있는 나뭇가지를 스스로 싹둑 잘라버리는 꼴이 될 것이다.

틈새에 머물던 주제를 끄집어내기

따라서 해결책은 단 하나밖에 없는데, 바로 자연에 끼치는 부정적 영향을 회수하는 길이다. 식료품 공급, 교육, 의료 혜택과 기대수명에서 얻은 성과는 아무도 포기하려 하지 않을 것이다. 가능하다면 이런 혜택들을 잃어서는 안 된다. 하지만 자연을 소모하는 일과 분리하여 그런 혜택들을 제공해야 한다. 수십 년 전부터 지켜봐온 대로, 생물 종들과 그 자연 서식지를 빠르게 사라지게 하면서 이루어져서는 안 된다. 이렇듯 미친 가속은 멈춰야 하는데, 앞으로 70년을 1950년대의 정신으로 계속 나아가면 지구는 이를 감당하겠지만 인간은 그러지 못할 것이기 때문이다. 자연을 무한한 자원 제공처로 삼는 경제는 이제 과거의 유물이어야 한다. 소비에 대한 믿음의 반대편에서 바람직한 삶에 대한 새로운 생각이 생겨나고 있다. 즉, 새가 울고, 곤충이 윙윙거리고 꽃들이 피어나면, 여기에도 가늠할 수 없는 가치가 있다는 생각이다. 극단적으로 표현해서, 이것이 값싼 플라스틱 장난감보다 더 큰 행복감을 줄 수 있다는 의미다. 이러한 변화가 성공적인 결과로 이어지려면, 우리가 자연을 대가로 얻는 성장에 브레이크를 밟기 위해 많은 일이 일어나야 한다. 많은 차원에서 그래야 하는데, 무엇보다 정치적 차원에서 일어나야 한다.

생물다양성 주제는 생존이라는 의미를 고려할 때 아직도 폭넓은 대중의 관심을 받지 못하고 있다. 곤충의 죽음이나 열대 숲의 훼손에 대한 보도는 늘 들을 수 있지만, 생물다양성은 몬트리올 정상회의에도 불구하고 오늘날까지 주변부 주제에 불과하다. 기후변화로 인한 위험은 그사이 널리 알려졌지만, 생물다양성에는 기후변화와 같은 가치를 부여하지 않고 있다. 그런데 알고 보면 생물다양성 상실은 최소한 지구 온도 상승과 비슷한 파괴력을 가지며, 심지어 그보다 더 큰 파괴력을 가질 수 있다. 기후변화는 우리가 **어떻게** 사는지, 우리가 더 큰 태풍, 더 심각한 가뭄, 새로운 질병 또는 더욱 척박해진 땅에 맞서 어떻게 사는지 결정한다. 하지만 종들의 멸종은 우리가 과연 **살 수 있을지**를 결정한다.

인류는 전환점에 있다. 우리가 생존이 달린 이 같은 위기를, 생물다양성이 훼손되는 이 위기를 무시하고 그로 인한 재난이 일어나게 내버려둘지 아니면 시대의 신호를 이해하고 **최악의 사태**를 막을 수 있을지 여부는 바로 우리에게 달려 있다. 다양한 과학 모델이 보여주듯 그것은 가능하지만, 정치와 경제에 새로운 우선순위를 정해야 한다. 하지만 결국에는 우리 모두에게 달려 있다. 요컨대, 주변부나 틈새에 머물러 있는 주제를 대중의 인식 속으로, 정치적 행동의 중심으로 꺼내놓아야 한다.

2

대대적인 죽음
살금살금 진행되는 발전

인도독수리는 30년 전만 해도 세계에서 가장 흔한 맹금류에 속했고, 수천 년 동안 건강 지킴이 역할을 했다. 인도독수리들은 썩은 고기를 먹었는데, 그 가운데는 종교적 이유로 인도의 길에서 자주 만나게 되는 '신성한' 소의 사체도 있었다. 1990년대까지 소염진통제 디클로페낙(diclofenac)은 수의학에서 널리 사용되었다. 곧 우유를 생산하는 농민들과 수레를 끌고 짐을 나르는 동물을 키우던 사람들이 이 약을 썼는데, 약 가격이 매우 저렴했기 때문이다. 이 약에는 치명적인 부작용이 있었다. 독수리 신장을 망가뜨리고 인간에게는 청산가리만큼 독성이 강했다.[1, 2] 15년 만에 인도에 살던 독수리 가운데 세 가지 종의 개체수가 95퍼센트 이상 줄어들었다. 그 결과 소들은 예전처럼 자연적인 방법으로 처리되지 못했다.

그리고—어쩌면 더 심각한 일인데—들개들이 동물 사체를 더 많이 먹게 되어 개체수가 증가했다. 개는 인간도 물 수 있기 때문에 광견병이 눈에 띄게 늘어났다. 그렇듯 독수리 개체수 감소는 그 자체로 안타까운 일이지만, 5만 명에 달하는 인간의 목숨을 앗아간 원인이 되었다.[3] 유럽연합(EU)의 경우 수의사들이 디클로페낙을 적절히 처방한다. 디클로페낙으로 죽었다고 입증된 최초의 독수리는 2020년 9월 에스파냐 카탈루냐에서 발견되었다. 현재 이 약이 시장에 유통되고 있는 남유럽에서 또 독수리가 죽을 수 있다는 우려가 있다. 그렇게 되면 예상할 수 없는 결과로 이어질 가능성이 많다.[4]

이 예는 소수 종의 소멸이 어떤 효과를 불러오는지 보여준다. 그리고 그 효과는 연쇄반응을 일으킬 수 있기 때문에 미리 예상할 수 없다. 종의 소멸은 그 자체로 불안하게 만들지는 않는다. 죽음은 삶에 속하고 또한 자연에 속한다. 동물과 식물은 자체적으로 끊임없이 변하는 환경에서 살고 있다. 그래서 그 환경에 적응을 하거나, 아니면 더 잘 적응하는 종들에게 밀려나야 한다. 예를 들어 기후 조건과 서식지가 바뀌는 경우다. 이런 점에서 종의 등장과 소멸은 결코 이례적인 일이 아니라 지극히 정상적인 일이며 옛날부터 자연과 진화의 과정에 속한다. 하지만 그런 일이 일어나는 속도가 숨 막힐 정도이며 정상적 수준을 벗어나 있다는 것이 문제다. 이는 아무리 강조해도 지나치지 않은데, 지금 그 속도는 인간이 세상을 지배하기 이전에 비해 최소 10~100배는 더 빠르다. 그렇기에 이러한 멸종 원인이 바로 우리라는 사실을 입증한 셈이다. 만일 지구의 역사를 24시간으로 이루어진 하루라고 본다면, 현대의 인간은 고작 이 행성에서 몇 초를 살았을 뿐이다. 이렇듯 짧은 시간 안에 인간은 이미 지구의 4분의 3을

이용하고 남용했으며, 그 가운데 많은 부분은 지난 70년 동안 일어났다.[5, 6, 7]

우리는 세상에 얼마나 많은 생물 종이 있는지도 알지 못한다. 가장 개연성 있는 추정은 800만 종쯤이지만,[8] 500만 종, 1000만 종, 1200만 종 또는 1500만 종일 수도 있다. 실제로 일주일 사이에 새로운 종이 발견되지 않는 경우는 없다. 젠켄베르크 자연연구학회 한 곳만 봐도 2021년에 거의 300종의 새로운 종을 발표했다.[9] 그중에는 27~33밀리미터 크기에 *Phrynoglossus myanhessei*라는 이름의 미니 개구리도 있다. 미얀마에 서식하는 이 개구리는 외형상 닮은 많이 퍼져 있는 종(*Phrynoglossus martensii*)에 속한다고 보고 비교적 오랫동안 간과되었다. 그런데 이 미니 개구리가 완전히 다르게 우는 것을 발견하고는 새로운 종임을 처음 알게 된다. 분자유전학 분석을 해보니 그 같은 유추가 맞다고 증명되었다. 자연에서는 그 같은 발견이 계속될 텐데, 모든 종 가운데 다수의 정체가 아직 확인되지 않은 까닭이다. 새로운 종을 발견하면 이름을 붙이는데 흔히 유명인사의 이름을 부여한다. 그래서 이례적으로 이두박근이 발달한 어느 딱정벌레는 *Arga schwarzenegggeri*〔영화배우 아널드 슈워제네거(Arnold Schwarzenegger)의 이름에서 따온 학명—옮긴이〕라는 이름이 붙었다. 점액을 함유한 몇몇 딱정벌레인 변형균류딱정벌레(slime mold beetles)들은 2005년 미국에서 인기가 별로 없던 정치인들의 이름을 받았다. 부시, 체니, 럼스펠드의 이름을 딴 *Agathidium bushi, Agathidium cheneyi, Agathidium rumsfeldi*이다.[10]

100만 종이 멸종 위험에 처하다

새로운 종을 발견하고 분류하는 속도만큼 빠르게 화려한 시절도 막을 내릴 것이다. 즉, 생물다양성과학기구(Intergovernmental Platform on Biodiversity and Ecosystem Services, IPBES)의 보고에 따르면 오늘날 "전 세계에서 과거 어느 때보다 많은 종이 멸종 위험에" 처해 있다고 한다. 그러니까 생물 종 수의 추정치인 800만 종 가운데 100만 종이 여기에 해당한다. 그것도 먼 미래의 일이 아니라, 임박한 수십 년 안에 그렇게 된다고 한다. 만일 우리가 생물다양성과학기구의 권고대로 강력하게 행동하지 않는다면, 전 세계에 서식하는 종들의 멸종은 가까운 미래에 극적인 수준으로 일어날 것이다. 이는 암울한 전망이며 행동 필요성을 분명하게 보여준다.

최근 인류 역사를 보면 상대적으로 적은 종이 멸종했다고 기록되어 있는데, 어쨌거나 가까운 500년 동안을 말한다. 이 시기 멸종한 종들에는 이미 언급했던 모리셔스의 도도새, 뉴질랜드에 살던 새 후이아(Huia), 갈라파고스 플로레아나섬에 살던 거대한 거북이와 카나리아섬에 살던 거대한 도마뱀이 있다.[11] 잘 알지 못하는 종들의 수를 어느 정도 감안한다 해도, 예를 들어 포유류의 경우 지난 500년 동안 "겨우" 1~2퍼센트만 멸종했다는 사실을 확인할 수 있다.[12] 조류도 마찬가지다. 이는 그 자체로 좋은 소식이 될 수 있다. 하지만 이런 사실에는 기만적 측면이 있다. 우선 빙하기 동안 그리고 1500년 무렵까지 수백 종의 포유류와 조류가 멸종했고, 그중에는 덩치가 크고 인상적인 종도 있다. 예를 들어 매머드, 털코뿔소, 매우 큰 사슴인 아이리시 엘크, 동굴사자, 위 송곳니가 칼처럼 휘어진 거대 고양이, 그리고 오스트레일리아에 살았던 3미터 크기의 코끼리캥거루나 거대한 여우원숭이, 마다가스카르에 살던 코끼리새가 있다. 두 번째로 우리는 무엇이 이미 멸종했는지조차 모를 때가 많은데, 특히 작은 동식물 종의 경우가 그렇다. 모든 숲의 3분의 1이 이미 사라졌다.[13] 그 안에서 누가 살았는지 대체로 모른다. 마지막으로 몇 십 년 전부터 많은 종의 개체수가 극적으로 줄어들고 있고, 이와 함께 종 전체의 상실 위험도 급격히 커지고 있다. 멸종은 아직 멸종의 임계점 이하에서 일어나고 있지만, 그렇다고 위험하지 않은 게 아니다. 다만 도처에서 감지하고 파악하지 못했거나 기록되지 않았을 뿐이다.

종들의 현황 변화에 대한 어느 정도 믿을 만한 통계는 1970년 무렵, 그러니까 대략 50년 전부터 나오는데, 이런 통계는 소수의 종 그룹과 국가에 대해서만 제공한다. 종의 소멸은 이 되돌릴 수 없는 발전 과정의 최종 단계이며, 그전에 개체수는 최근 수십 년 동안 그야말로 대폭 줄어들었다. 즉, 이 시기에 파악된 포유류·양서류·파충류·어류·조류 가운데 3분의 2가 사라졌다.[14] 이는 보기 드문 종들에만 해당되는 일이 아니다. 그중에는 가장 흔히, 특히 농촌에서 자주 볼 수 있던 종도 있다. 예를 들어 독일에서는 각 지역에서 들종다리·제비·댕기물떼새·유럽자고새·찌르레기가 위협받고 있다.[15] 몇 십 년 전만 해도 독일 도처에서 발견되던 새들이다. 특히 수가 급감한 경우는 댕기물떼새다. 이 새는 1980년부터 대략 93퍼센트 줄었고, 유럽자고새의 경우 대략 91퍼센트, 잉꼬비둘기는 대략 89퍼센트 감소했다.[16] 또한 그사이 찌르레기도 독일에서 위험에 처한다. 찌르레기는 원래

전 세계에 가장 널리 퍼진 조류이며 대략 120여 종이 있다.[17] 찌르레기는 크게 무리지어 편대비행을 하는 것으로 유명하며, 원래는 숲이나 초원에서 살았지만 오늘날에는 일부 오래되고 구멍이 생긴 나무들 때문에 공원과 묘지에서 살고 있다. 찌르레기는 해충을 잡아먹는 중요한 새이자 버찌와 포도를 먹어치우는 것으로 악명이 높다. 하지만 그사이 독일에서는 300만~400만 쌍만 부화해 20년 전에 비해 대략 200만 쌍이 줄었다.[18]

더 넓은 세상으로 시선을 돌리면 문제는 더욱 심각하다. 국제자연보전연맹(IUCN) 보고에 따르면 현재 멸종 위험 현황은 다음과 같다. 양서류의 40퍼센트 이상, 상어와 그 친족의 3분의 1 이상, 산호초의 3분의 1, 침엽수 및 갑각류의 3분의 1, 모든 파충류의 5분의 1이다.[19] 또한 예를 들어 멸종 위험 목록에 들어가 있는 유럽햄스터는 얼마 전만 해도 어디를 가든 만날 수 있었고 수백만 마리가 살고 있었다. 하지만 위험을 사라지게 할 조치를 취하지 않는다면, 30년 안에 이 동물은 과거의 동물로 기록되리라 예상된다.[20] 또한 멸종 위험 종을 기록한 적색 목록에는 시칠리아전나무(Abies Nebrodensis), 다양한 파충류와 개구리·메뚜기·잠자리 및 오카피(기린과 포유류—옮긴이)도 들어 있다.[21] 이 목록에 올라간 생물들은 오래전부터 지구 저편에 살던 희귀 동물들이 아니다. 오히려 멸종은 세계 도처에서, 모든 동물과 식물 무리에서 일어나고 있다.

가장 "구석에 몰린 종"은 소철류로, 그중 60퍼센트 이상이 멸종 위기에 있다고, 위험하거나 심각한 위험에 처해 있다고 여겨진다.[22] "선사시대의 전령" 또는 "살아 있는 화석"이라 불리는 소철류는 지구에서 산 지 3억 년이나 되었다. 가히 자부심을 느낄 만하다. 소철류는 아름다울 뿐 아니라, 몇몇 작은 품종은 인기 있는 장식 식물이며 강인하다. 어쨌거나 소철류는 과거 다섯 번의 대량멸종 중 세 차례나 겪고도 살아남았지만, 지금 사라질 위험에 처해 있다. 왜 그럴까? 소철류가 살 수 있는 자연 서식지가 줄고 있기 때문이다. 이 본보기 하나만으로도, 우리 인간이 자연에 미친 변화가 얼마나 강력한지 잘 보여준다. 또한 이 강력한 변화는 원숭이·호랑이·사자·코끼리·코뿔소처럼 우리가 '좋아하는' 동물들만 멸종 위기로 내모는 것이 아니다. 어떤 동물원에서 판다 새끼가 태어나거나 코뿔소 한 마리를 비싼 비용을 들여 데려오면, 이런 일은 대중의 상당한 관심을 끈다. 그러면 트위터나 틱톡 같은 소셜미디어들이 뜨거워진다. 어쩌면 언젠가는 사라질 대형 포유류들은 우리 마음을 움직이고 감동을 준다. 그들은 인간과 가깝고, 카리스마도 있으며 강렬한 감정을 불러일으킨다. 당연히 그들은 생물다양성의 중요한 부분을 차지한다. 우리가 그들을 보호해야 한다는 사실에는 의문의 여지가 없다. 그러나 그들의 상실은 훨씬 많은 종으로 퍼져나가며, 우리가 알아차리지 못하고 보지도 못하는 사이에 조용히 일어난다. 그렇다고 해서 양치류, 곤충이나 벌레가 사라지는 것보다 덜 위험한 것도 아니다. 오히려 정반대다. "지구에서 수백만 년에 걸쳐 진화한 수많은 고유한 생명체들이 사멸의 위기"[23]에 놓인 문제다. 그리고 영원히 사라질 수 있다. 이로써 "고유한 성질, 특징과 그 밖에 다른 생물학적 속성을 가진 우리 지구는 자연사의 일부를 되돌릴 수 없이 상실하게 된다."[24] 마치 지상의 모든 도서관이 불타버려 우리의 모든 지식도 폐기되는 것처럼 말이다.

생물 종뿐 아니라 서식지도

생물 종과 그 개체수만 줄어드는 게 아니라, 바이오매스도 전반적으로 줄어들고 있다. 만일 숲이 경작지가 되고, 습지가 건조해지며, 공장지대가 초원을 밀어내고, 꽃이 피는 알프스 목장이 스키장으로 변하면, 자연에 대한 점진적 "몰수 과정"이 완성된다. 실제로 인간이 만든 물질의 양과 자연적 물질의 양 사이의 관계는 2020년에 처음 역전되었다. 즉, 얼마 전부터 지구상에 있는 모든 물질의 절반 이상이 지구의 원시시대처럼 바이오매스로 이루어져 있지 않고, 시멘트·아스팔트·금속·플라스틱·유리·종이 같은 재료로 이루어져 있다.[25, 26] 엄청난 결과를 보여주는 선례다. 또한 인간과 인간이 사육하는 동물에서 나오는 탄소의 양도 측정해볼 수 있다. 이에 따르면 가축은 120메가톤(=1억 2000만 톤)의 탄소를 배출하고, 사람은 55메가톤이며, 야생 포유류는 고작 5메가톤만 배출한다.[27] 이는 전체의 2.8퍼센트에 불과하다. 사람들이 어디를 바라보든, 모든 것은 항상 단 하나의 방향을 가리키며 다음과 같이 말한다. 자연은 압박을 받아 뒤로 밀려나고 있다고 말이다. 그사이 땅의 4분의 3, 바다의 3분의 2[28]가 인간의 활동으로 변했다. 오늘날 '인간의 손길이 닿지 않은 자연'은 극히 일부분이다.

명백한 사례 가운데 하나가 숲인데, 지난 30년 동안에만 전체적으로 독일 면적의 12배나 되는 숲이 사라졌다.[29] 그사이 벌채 비율은 약간 내려갔지만, 현재 다시 올라간다는 증거가 있다. 왜냐하면 브라질 같은 나라들이 어떤 부끄러움이나 거리낌도 없이 숲을 태우고 나무를 잘라내고 있기 때문이다. 현재 전 세계 땅 가운데 대략 3분의 1만 숲이다.[30] 숲이 사라지면 어떻게 되는지는 탄자니아에 있는 우삼바라산맥의 사례가 잘 보여준다. 우삼바라산맥은 지구 역사에서 아주 오래된 암석들로 이루어져 있고, 가파르고 깊게 주름 진 언덕도 있다. 아프리카에서, 아니 전 세계에서 생물 종이 가장 풍부한 태곳적 우림으로 뒤덮인 곳이다. 이 지역은 고유종 동식물이 많은 곳에 속했는데, 그러니까 이 산맥에서만 자라는 종들, 심지어 우삼바라제비꽃처럼 이곳의 특정 산에만 있는 종도 있다. 그래서 이런 이름이 붙었고, 그 밖에 우삼바라수리부엉이나 소코케소쩍새(otus ireneae)도 그런 종이다. 그런데 식민 통치 시절에 독일인들은 말라리아에 걸리지 않는 서늘한 고지대에 최초로 대농장, 즉 커피와 차 플랜테이션 농장과 수많은 선교시설을 세웠다. 훗날, 무엇보다 지난 수십 년 동안, 지역 주민들은 나무와 소득이 필요해서 또는 땅을 경작하려고 계속에서 나무를 베어냈다.

　그러면서 시간이 지나자 가파른 언덕은 매끈해졌다. 이전에 비를 잘 흡수해주는 숲이 있던 곳에, 식물 뿌리들이 지각을 안정적으로 잡아주던 곳에 이제는 매끈한 바위만 드러나 있다. 이렇듯 스스로 유발한 침식으로 인해 인간은 살아갈 터전을 잃었다. 오늘날에는 흙도 쓸려가 경작도 거의 불가능하며 수입도 변변찮다. 그 결과는 가난과 굶주림, 영양실조, 열악한 거처와 너덜너덜한 옷이다. 평지인 쾌이사카에서 소수의 숲 보호구역에 속하는 아마니 국립 보호구역까지 차를 타고 가본 사람이라면, 바닷가 모래사장에서 누더기 옷을 걸친 주민들을 볼 수 있다. 이들은 돌을 들어 다른 돌을 잘게 부수고 여기서 나온 작은 자갈을 포대에 담는데, 이것들은 나중에 도로 포장 용도로 쓰인다. 시시포스의 노동은 그렇게 힘들어 보이지는 않는다. 주민들은 스스로에게 해를 입혔고, 사정이 더 나아질 전망은 없다.

전 세계 바다와 그곳 생명체들의 미래도 비슷하게 암울해 보인다. 즉, 우리는 점점 더 많은 플라스틱 쓰레기로 그들을 괴롭힐 뿐 아니라—태평양에는 이미 유럽 크기의 쓰레기 소용돌이가 생겨났고, 매년 대략 1100만 톤[31]의 쓰레기가 버려진다—금지된 방법으로, 특히 지속가능하지 않은 방식으로 물고기 양을 급감시키고 있다. 21세기 중반이 되면 물고기보다 더 많은 플라스틱이 바다에 있을 거라는 예측도 있다.[32] EU의 빨대 사용 금지나 르완다의 비닐봉지 금지처럼 단일 제품 사용을 금지하거나 이 주제에 대중이 지대한 관심을 보이는데도 여전히 플라스틱 사용은 멈추지 않고 있다. 실제로 1950년대 이후 플라스틱 소비는 지속적으로 늘어나, 당시 대략 매년 150만 세제곱미터에서 오늘날에는 매년 거의 3억 7000만 세제곱미터나 된다.[33] 이렇게 소비된 플라스틱 가운데 제일 많은 양이 바다로 들어간다. 또한 오염을 통해, 기후변화와 가장 중요한 원인인 남획을 통해 물고기의 양이 줄어드는 불균형도 생겨난다. 그사이 물고기 양의 3분의 1이 지속적으로 남획되었고, 나머지 60퍼센트도 지속가능성이 한계에 이를 정도로 이용되고 있다.[34] 플라스틱과 비슷하지만 방향은 거꾸로인데, 어획량은 1950년대 이후 급증했다. 1990년 이후로는 매년 2000만 톤 이하에서 대략 8000만 톤까지 늘었다.[35] 달리 말하면, 바다에 있지 않던 것들이 너무 많이 바다로 흘러들고, 정작 바다에 있어야 하는 것들은 너무 많이 건져올린다. 세계의 바다를 서서히 그러나 확실하게 데우는 기후변화도 불균형의 원인이 된다.

모든 것이 바다의 생물다양성과 물고기 양에 대한 압박 수위를 높이며, 그사이 많은 물고기 종이 멸종 위험에 처해 있다. 예를 들어 대서양참다랑어, 특정 그루퍼 종, 대서양대구가 그렇다.[36] 대서양대구는 30년 전만 해도 세계에서 가장 많이 분포하던 종이다. 전해지는 이야기로는 북아메리카 탐험에 나섰던 최초의 유럽인들은 바스켓을 바닷물에 넣기만 해도 대구가 한가득 잡혔다고 할 만큼 양이 풍부했다. 그 이후 수백 년 동안 대구는 점점 줄었고, 지난 수십 년 동안 가장 심각하게 줄었다. 이제 대구는 멸종 위기에 있다. 이는 많은 사례 가운데 하나에 불과하다. 상어와 가오리의 3분의 1이 지극히 위험한 상태에 있고 산호초의 3분의 1도 그렇다. 산호초는 대체로 기후변화, 즉 바다의 수온 상승과 산성화의 여파로 사라지고 있다.[37] 이는 지구 온도가 1.5도 상승할 때만 해당된다. 만일 2도 상승한다면, 남아 있는 산호초는 더 줄어들 것이다.[38] 산호초는 물고기가 드나드는 방과 같기에, 또 다른 영향을 미치게 되고 그야말로 위험한 상황으로 몰고 갈 수 있다. 따라서 당장 이 추세를 멈추고 상황을 되돌려야 한다.

소멸은 조용히 눈에 띄지 않게 일어난다

생물 종의 소멸에서 치명적인 점은—기후변화와 달리—분명하게 확인할 수 있는 임계점이 없다는 것이다. 현재 우리가 체험하고 있는 개체군 격감은 멸종의 사전 단계에서 나타나는 메시지지만, 이는 완

만하게 진행되는 과정이다. 맨 먼저 개체수가 줄어들고, 그다음 개별 개체군이 소멸하고, 마지막에 가면 해당 종은 원래 분포해 있던 구역에서 다 볼 수 없고, 단 한 구역에서만 나타나며, 언젠가 이마저도 사라진다. 이렇게 되는 원인은 다양하다. 유전적 다양성 상실과 더불어 적응력 감소, 동종 교배, 하지만 무엇보다 환경으로부터의 영향이다. 흔히 이 요소들은 서로를 더 강화해서 이른바 '멸종의 악순환'이나 '멸종의 하강곡선'에 이르게 한다.

현재 완성 중인 과정은 조용한 멸종 그 이상으로, 생물다양성을 구성하는 세 가지 차원에서 일어난다. 즉, 종들의 다양성, 종들 내에서의 다양성, 생태계의 다양성이다. 이 모든 것이 조용히 눈에 띄지 않게 소멸하고 있다. 전 세계에서 커다란 굉음 같은 것은 들리지 않는다. 바다의 경우 지속적으로 비료가 유입되면 영양소 농도가 올라가기 때문에 '임계점'에 달할 수 있다는 점을 우리는 안다. 그 결과 바이오매스가 증가하는데, 특히 해초는 산소를 전부 소비하여 바닷물이 '질식'할 때까지 증가한다. 심지어 비료 유입을 갑작스럽게 중단시킨다 해도, 바다에 다시 산소가 풍부해질 때까지 그 같은 과정은 매우 오랫동안 지속된다.[39] 여기서 그야말로 임계점에 달할 수 있다. 그러면 암초는 산호가 지배하는 상태에서 해초가 지배하는 상태로 크게 변모할 수 있다.[40]

물론 최근 연구에 따르면,[41] 생물다양성 소멸시 그와 같이 분명한 전환점은 드물게 나타난다고 한다. 대체로 지속적으로 변화하지 극적인 변화가 나타나지는 않는다. 하지만 이는 일을 더욱 위험하게 만든다. 왜냐하면 수습하기에는 너무 늦은 때에야 비로소 진실한 결과를 알아차리게 되기 때문이다. 이보다 더 복잡한 문제도 있다. 즉, 엄청난 변화를 몰고 오는 데는 아주 사소한 변화만으로도 충분할 때가 많다는 것이다. 예를 들어 오스트레일리아 해안가에 서식하는 가시관불가사리가 있다. 아주 많은 불가사리가 그곳 암초로 이주해왔는데, 얼마 후 산호들이 그야말로 뼈만 앙상하게 남았다. 단 한 종류의 동물이 1년 안에 5~13제곱미터에 서식하는 산호들을 파멸시킬 수 있다. 과거에는 가시관불가사리의 습격이 드물었지만, 이제 15년마다 일어난다.[42] 그 원인은? 아마도 인근 대농장에서 사용한 비료들, 특히 사탕무 농장에서 뿌린 비료들이 바다로 유입되었기 때문일 것이다. 어린 불가사리는 플랑크톤을 먹고 사는데, 원래 플랑크톤 수는 한정된 편이어서 과도한 개체군이 발생하지 않는다. 그런데 비료를 통해 식물성 플랑크톤이 대량으로 늘어나자 불가사리 수도 함께 늘어난 것이다. 이처럼 막대한 손실을 입히는 데는 많은 게 필요하지 않을 때가 많다.

다른 경우에는 결과를 감지할 때까지 오래 걸리고 중간에 강력한 요인이 개입하기도 한다. 보편적으로 유효한 규칙이란 없으며, 무언가 과도하여 존재에 위협이 된다고 알려주는 측정 수치도 없다. 이에 비해 대기 중 온실가스 증가와 기후변화는 비교적 더 간단히 이해할 수 있다. 물론 여기에도 불확실성이 존재하지만, 그사이 지구온난화를 견딜 수 있으려면 어느 정도 농도여야 하는지에 대해서는 비교적 연구가 잘 되어 있다. 생물다양성 훼손과는 다르게 말이다. 우리 행동이 어떤 결과도 불러일으키지 않는다고 100퍼센트 확신할 수 있는 경우는 없다. 대부분 우리는 나중에 가서야 비로소 알게 된다. 전반적으로 소멸의 증거는 댈 수 있지만, 이런 소멸이 너무 강력한 추세여서 개별 생태계의 작동에 어떤 영향을 주는지는 거의 예측할 수 없다.

특히 개별 결과들이 서로를 강화할 수 있기 때문이다. 예를 들어 2019년 킬리만자로산에서의 연구는,[43] 기온 상승과 강도 높은 토지 이용이 함께 생물 종 다양성에 막대한 영향을 주어, 개별 요소를 합한 것보다 더 심각한 결과를 가져온다는 점을 증명해준다. 물의 가용성, 토양 비옥도 같은 생태계 기능들이 크게 바뀐 것이다. 집약농업의 부정적 작용은 덥고 건조한 조건에서 특히 더 강력해진다는 사실이 구체적으로 나타났다. 이와 동시에 인간의 사용으로 서식지가 훼손된 곳에서는 열기와 가뭄의 부정적 영향이 더 강력해졌다. 그처럼 결합 효과들은 예측을 더욱 어렵게 한다. 이러한 인식은 자연을 다루고 처리할 때 우리가 개입할 여지에 대해 큰 영향을 미친다. 이 같은 상황에서는 개입의 여지가 상당히 적어지는 까닭이다. 그렇기에 분명한 예측이 없으므로 신중이라는 원칙을 조심스럽게 지키고 가능하면 생물다양성을 많이 보존해야 한다.

자연 훼손의 결과인 질병

최근 들어 인간이 자연, 특히 동물을 상대하면서 나타난 가장 잊을 수 없는 결과는 코로나 유행병이라 할 수 있다. 몇 년 전만 해도 과연 누가 코로나19 같은 전 세계적 유행병을 예측할 수 있었겠는가? 수백만 명에 달하는 사망자, 빈곤율 상승, 경제 붕괴, 이동 제한, 학교

폐쇄, 여행 금지, 백신 접종 캠페인에 이르는 모든 결과를 말이다. 그 같은 시나리오는 완벽하게 비현실적이라 여겨졌지만 우리는 지난 몇 년 동안 이를 직접 체험했다. 코로나19의 유래가 아직 최종적으로 밝혀지지는 않았지만, 동물 바이러스가 인간에게 옮겨온 것이라는 점에는 이견이 없다.[44] 아마도 박쥐에서 시작해 천산갑을 거쳐 우리에게 옮긴 것 같다. 천산갑은 아시아의 여러 국가에서 매우 인기가 있다. 사람들은 천산갑 비늘이 정력에 좋다고 말한다. 그리고 고기는 별미로 간주된다. 그래서 천산갑이 중간 숙주 역할을 했으리라 본다. 즉, 사람들이 야생동물과 너무 밀접하게 접촉할 때 바이러스를 옮길 수 있고 다른 질병도 생길 수 있으며, 이는 앞으로도 마찬가지다.

근래에 이미 새로 등장한 전염병들, 예를 들어 에볼라·지카 바이러스, 인플루엔자와 에이즈 같은 전염병의 대략 70퍼센트가 인수공통감염병(zoonosis)에 속한다. 이것은 동물에게서 사람에게로, 그 반대로도 전염되는 질병이다. 생물다양성과학기구의 보고에 따르면,[45, 46] 아직도 알려지지 않은 바이러스가 170만 종 있는데, 주로 포유류, 특히 박쥐, 설치류와 영장류, 조류에 있다. 이런 바이러스들 가운데 적어도 3분의 1은 사람에게 전염될 수 있다고 한다. 인간이 자연 생태계와 그곳 생물 종들을 크게 변화시킬수록, 그런 전염 확률은 더욱 높아진다. 특히 야생동물을 거래하는 시장에서는 바이러스 접촉 확률이 급격히 올라간다. 그 같은 야생동물 시장은 질병 전파 가능성을 높이며—코로나 바이러스도 그런 경로였다고 본다—그렇기에 기본적 욕구가 아니라 오직 사치스러운 욕구를 채우고자 야생동물을 거래하는 장소는 금지되어야만 한다.[47] "예방 전략이 없다면 유행병은 더 자주 나타날 것이며, 더 신속하게 전파되고, 더 많은 사람을 사망에 이르게 하고 세계 경제에 전례 없는 고통을 안겨줄 것"이라고 생물다양성 과학기구는 판단한다.[48] 전문가 협의회에서 추산한 바로는, 예방 조치가 처음에는 많은 비용이 들어가는 것처럼 보이지만 멀리 보면 결코 그렇지 않다. 다음 유행병을 뒤늦게 추적하고, 경제적 손해와 건강상의 피해를 막고 완화하고자 하는 데는 몇 배나 더 큰 비용이 든다는 것이다. 유행병은 숲의 보존이나 자연보호구역 확대와 같은 자연친화적 조치에 비해 100배는 더 비용이 든다.

심각한 위기로서 환경문제

오늘날 우리가 전 세계적으로 직면한 최대 위협은 주로 환경 및 사회 영역에 존재하며, 지정학적 충돌에 따른 위험은 그보다 덜하다. 우크라이나 전쟁과 새로운 동·서 대립에도 불구하고 말이다. 세계경제포럼에서 2022년에 내놓은 《글로벌 위험 보고서》에 따르면, 향후 10년 동안 발생할 가장 강력한 10대 위기 가운데 여덟 가지가 다음과 같은 부류다. 즉, 제일 먼저 기후변화, 이어 극단적 기후 사건들, 그리고 세 번째로는 생물다양성 훼손이다.[49] 이것은 경제 전문가들이 제시한 위험이며, 자연에 관심과 열정을 쏟아붓는 '자연 열광자'들의 이야기가 아니다. 생물다양성의 경우 위기는 종의 감소나 멸종으로 인한 자연자본의 축소 때문에, 그리고 사회기반시설의 파괴나 생산 감소 및 공급망 중단을 통해 생긴다. 그럼에도 이렇듯 매우 현실적인 위험은 아직 필요한 만큼의 관심을 받지 못하고 있으며, 경제·정치·사회의 결정에 중요한 역할을 하지 못한다. 천천히 변하면서 지속가능성의 방향으로 소심하게 걸음을 내딛는 자연이 저기 있지만, 사람들은 항상 실제 가치에 상응해 자연을 고려하지 않고 기업과 국가의 성과를 모방해 자연에 적용한다. 따라서 그 대가를 언젠가 우리가 치르거나 우리 자식과 후손이 치러야 하며, 아마도 거기엔 이자에 복리까지 붙을 수 있다.

만일 우리가 지난 70년 동안처럼 자연 파괴를 계속해나간다면, 지금으로서는 무슨 일이 언제 얼마나 빨리 일어날지 확실히 예상할 수 없다. 하지만 한 가지는 분명하다. 방향을 전환하지 않으면 우리가 가장 두려워하는 것을 넘어서는 결과가 초래될 수 있다. 그사이 이중 위기라는 말이 그냥 나온 게 아닌데, 바로 기후변화와 생물다양성 상실이다. 이 두 가지 요소는 서로 영향을 미치며 서로를 강화한다. 이로부터 우리와 우리의 미래에 지극히 위험한 혼합물이 나온다. 이때 생물다양성 상실을 막는 일은 치명적인 '이중 위기' 해결을 위한 결정적 요소인데, 이를 통해 지구온난화를 완화할 수 있기 때문이다. 하지만 우리는 멈추거나 방향을 바꿀 의도가 없기에 당분간 조용한 죽음이 계속될 것이다. 실제로 오늘날처럼 자연이 잘 지내지 못한 적은 없다. 이 상황을 직시한 유엔 사무총장 안토니우 구테흐스(Antonio Guterres)는 이미 다음과 같이 말했다. 인간은 "자연에 대항하여 무의미하고도 자신을 파괴하는 전쟁"[50]을 치르고 있다고 말이다.

3

무엇 때문에 이런 화려함이?

종 다양성은 우리가 살아가야 할 삶의 기초

"모든 것은 다른 모든 것과 서로 연결되어 있다"는 말은 유명한 자연 연구가 알렉산더 폰 훔볼트의 기본 인식이었다. 이로써 그는 몇 세대에 걸쳐 학문에 영향을 주었던 새로운 자연관을 각인시켰다. 그의 시각을 보충하자면, 물론 우리는 모든 것이 다른 모든 것과 연결되어 있다는 사실을 알지만, 오늘날에는 그렇지 않다. 적어도 세부적으로 보면 그렇지 않다. 자연의 망은 너무나 촘촘하고 복잡해서, 자연의 협연은 다양한 접근법을 시도해야 비로소 연구될 수 있지만 예측은 불확실하다. 그래서 우리는 오늘날까지도 지구상에 얼마나 많은 종의 생물이 필요한지 모르고 있다.

이로부터 우리는 하나의 종이 소멸하는 것은 그다지 중요하지 않다는 냉소적인 결론을 이끌어낼 수도 있다. 지렁이가 사라진다면 무슨 일이 생길까? 인간에게 왜 지렁이가 필요할까? 이는 실제로 오래전부터 분명하게 밝혀지지 않았다. 하지만 이제, 독일만 해도 지렁이 종의 3분의 1이 멸종 위기의 적색 목록에 올라 있으며, 지렁이의 유용성이 밝혀지고 있다. 즉, 지렁이는 터널 모양의 구덩이를 파서 땅을 부드럽게 하고 공기를 통하게 해, 식물이 잘 자랄 수 있게 한다. 게다가 지렁이 똥은 매우 좋은 유기농 비료다. 지렁이 배설물은 일반적으로 정원에 있는 흙에 비해 7배나 높은 영양소를 포함하고 있다.[1] 이는 수백만 가지 사례 가운데 하나일 뿐이다. 인간의 생존을 위해 얼마나 많은 종이, 또 어떤 종들이 필요한가에 대한 통계는 없지만, '많아야 좋다'는 데는 이론의 여지가 없다. 풍부함은 일종의 보험 같은 작용을 하는 까닭이다. 만일 가뭄, 더위 또는 많은 강수량으로 인해 하나의 종이 기능을 발휘하지 못하면, 다른 종이 그 기능을 떠맡는다. 이는 지구 온도가 지속적으로 올라가는 시기에 예방과 보호를 위해 반드시 필요한 형태가 아닐 수 없다.

다양성 부족이 우리가 살고 있는 환경에 어떤 영향을 끼치는지는 2018년부터 뜨거운 여름이 인상적으로 보여주었다. 그사이 사람들은 하르츠 산지의 높은 지대에서 보면 몇 제곱킬로미터에 달하는 곳에서 오로지 죽은 숲만 볼 수 있다. 왜? 가문비나무들이 지배적이기 때문이다. 가문비나무는 많은 장점을 제공하며 임업의 '빵 나무'로 불린다. 왜냐하면 이 나무는 빨리 자라고, 줄기도 곧으며 비교적 튼튼하기 때문이다. 수십 년 동안 이 나무는 많은 지역에서 산지가 아닌데도 식재됐는데, 대부분 단작이었다. 이렇듯 한 가지 나무만 심는 행위는 다양성을 희생한 결과다. 지난 몇 년 동안 지속되었던 뜨겁고 건조한 여름은 해충 증가를 불러와 가문비나무들이 대대적으로 죽어나갔다.

하지만 또한 다른 나무들도 죽었는데, 낙엽송과 소나무, 심지어 너도 밤나무도 그랬다. 하르츠 산지만 그런 건 아니었다. 아이펠, 자우어란트, 튀링겐에서도 많은 숲이 열기와 가뭄으로 살아남지 못했다. 튀넨 연구소(Thünen Institut)의 보고에 따르면, 대략 30만 헥타르에 달하는 면적에 다시 나무를 심어야 한다.[2] 그런데 2022년의 뜨거웠던 여름은 여기서 고려되지 않았다. 이는 자를란트주(Saarland: 독일 남서부에 위치한 작은 주로 면적은 약 2569제곱킬로미터─옮긴이)의 전체 면적보다 더 넓다. 이미 많은 산림 감독관은 여러 곳에서 더는 숲이 생겨나지 않을까 우려한다.

여러 가지가 뒤섞인 숲은 가뭄기에도 비교적 수월하게 넘어간다. 나무 종들은 저마다 해충이 있기 때문에, 단작에 비해 해충의 공격 면적이 줄어든다. 게다가 나무 종들은 나무 꼭대기와 뿌리의 체계에서 서로를 보완하기 때문에, 빛과 물, 영양분을 얻기가 더 수월하다. 이로 인해 나무들은 가뭄, 해충과 다른 도전에 직면해도 덜 위험해진다. 그 밖에도 연구에 따르면 독일만 그런 것이 아니다. 오대륙의 숲들을 비교해보니, 여러 나무 종이 혼합된 형태가 회복력이 더 강했고 단작에 비해 더 생산적이었다. 흔히 반대로 생각하는 경우가 많은데도 말이다. 그것도 평균 15퍼센트[3]씩 섞여 있으면 저항력이 더 강했다. 게다가 오늘날의 연구 결과를 바탕으로 하면, 미래에 어떤 종을 심어야 하는지를 미리 알기란 매우 어렵다. 하지만 다양성을 지닌 다채로운 종들이 함께 있는 숲에 해결책이 있다는 점은 분명하다.

잔디밭을 풀밭으로 탈바꿈시켜본 사람이라면 비슷한 점을 관찰할 수 있다. 풀밭은 숲에서 살펴본 것처럼 잔디밭에 비해 훨씬 회복력이 강하다. 잔디는 충분한 비료를 주고 지속적으로 물을 주면 생산성이 매우 높지만, 그렇지 않으면 시들해지고 심지어 죽기도 한다. 많은 종으로 이루어진 풀밭과는 다른 것이다. 풀밭은 다양한 약초와 풀, 즉 일년초와 다년초, 깊거나 얕게 박혀 있는 뿌리들, 질소 수요가 낮거나 높은, 크거나 작은 잎들, 잎사귀를 먹는 곤충들과 박테리아에 대한 저항력이 크거나 적은 종들, 꽃이 피거나 피지 않는 종들로 구성된다. 이 종들은 영양분을 흡수할 때 서로 지원해준다. 풀밭은 훨씬 건강하고 안정적인데, 항상 뭔가가 자라기 때문이다. 가뭄 때건 비가 많이 오는 봄이나 여름이건 상관없다. 우리는 이를 주식과 비교할 수도 있다. 즉, 아주 다양한 주식을 영리하게 혼합한 펀드는 개별 주식보다 훨씬 더 안정적이다. 이러한 포트폴리오 효과를 자연에서도 발견할 수 있다. 단일 품종인 잔디는 한 가지 기능만 가지는데, 아름답고 푸르러 보여야 한다는 것이다. 반면 풀밭은 아주 많은 기능을 가진다. 풀밭은 잎을 갉아먹는 곤충들에게 유기물을 제공하고, 꽃을 피우고 꽃가루를 매개하는 곤충이나 동물에게 영양분을 주며, 씨앗을 만들고 이로써 새들에게 먹이를 주며, 부식토를 형성하고 탄소를 잡아둔다. 눈이 일단 적응하면 풀밭은 아름답고도 다채로워 보이는데, 특히 이 풀밭이 나비와 벌, 새를 유혹하기 때문이다.

따라서 우리가 살고 있는 자연을 보존하기 위해 다양성은 중요하다. 그것도 우리가 일반적으로 의식하는 것보다 더 포괄적인 의미에서 그렇다. 100만 이상의 인구가 사는 대도시 주민들은 콘크리트에 둘러싸여 있을지라도 자연을 필요로 한다. 그러나 그들은 가장 분명한 욕구를 충족시키려면 숨 쉴 공기도 필요하고, 마실 물과 먹을 빵

(비슷한 것)도 필요하다. 그와 같은 맥락에서 우리는 생태계가 해내는 성과에 대해서 말하는데, 자연이 우리에게 제공하고 그래서 우리가 사용하거나 조금 더 가공할 수 있는 '재화'와 '서비스' 말이다.

자연의 성과

이러한 성과는 세 가지 다양한 형태로 나타난다. 우선 자연의―가장 직접적인―물질적 성과로는 온갖 종류의 자원이 해당한다. 예를 들어 땔나무, 거름, 이탄(泥炭), 석탄이나 석유처럼 에너지의 형태를 띤다. 또한 자연은 인간에게 먹을 음식과 마실 것을 제공하며, 동물에게 먹이를 제공한다. 석회석이나 분필, 섬유나 밀랍, 종이나 송진, 염료나 조개껍데기 같은 (건축) 재료들도 자연에서 나오며, 우리가 입는 옷의 일부나 인쇄물도 마찬가지다. 식물, 물고기나 새는 우리의 집과 거실을 꾸며주고, 장식품 역할을 해준다. 예를 들어 개와 같은 동물은 우리의 친구가 되어주며, 우리를 인도하고 보호해주며, 황소·말·당나귀는 운송 수단이 되거나 노동력을 제공한다.

이 모든 것은 분명하고 오해의 여지가 없다. 조금 덜 분명한 것은 생화학적 자원으로, 의학적 효능이 있는 자연재료를 말한다. 예를 들어 박테리아, 균류 또는 이끼는 새로운 약품을 개발할 때 중요한 역할을 한다. 이는 오늘날에만 해당되는 게 아니다. 인간은 수천 년 전부터 질병을 치료하는 자연의 효과를 신뢰했다. 이에 관한 가장 오래된 기록은 대략 5000년 전이며 인도 나그푸르에 있는 수메르의 토기

판으로, 여기에는 총 250가지 식물로부터 약제를 제조하는 12가지 처방전이 기록되어 있다.[4] 중세 유럽에서는 약초를 수집하는 사람, 이른바 식물 뿌리를 캐는 사람 또는 약초 캐는 여자는 중요한 의학적 기능을 떠맡았다. 세계의 각 지역과 시대마다 이런 사례들을 발견할 수 있다. 심지어 오늘날에도 제약산업은 신약을 개발할 때 흔히 자연에서 본보기를 찾는다. 그리하여 모든 항생제의 4분의 3이 자연자원에서 나오며, 특히 암을 퇴치하고자 화학요법을 사용할 때 중요한 역할을 하는 모든 세포 성장 억제제의 3분의 2가량이 자연 원료에서 나온다.[5] 또한 알츠하이머와 파킨슨처럼 아직 치료하지 못하는 질병들을 연구할 때도, 아카시아와 보리수 꽃에서 짜낸 기름으로 얻을 수 있는 파르네솔 같은 천연재료가 결정적 역할을 한다.[6] 오늘날의 항생제에 대한 내성도 역시 자연에서 얻은 새로운 성분이 결정적 차이를 만들어낼 수 있다. 세계보건기구는 이 문제를 인류의 건강을 가장 위협하는 요인들 가운데 하나로 보고 다음과 같은 판단을 내렸다. "항생제에 대한 내성은 현대 의학의 성공을 위태롭게 한다."[7] 얼마 전에야 비로소 연구자들은 밤나무 잎에서 분자들을 추출했고, 이것으로 내성이 생긴 박테리아를 중화할 수 있기를 희망하고 있다.[8] 이 방향에서 더욱 새로운 인식은 AI와 또 다른 디지털 방법에서 기대할 수 있다. 이것들의 도움으로 자연에서 다른 질병들을 치유하고 그에 부합하는 약품 개발을 희망하고 있다. 그러나 그렇게 되려면 사람들이 끌어내 사용할 수 있는 자연의 비축량이 가능한 한 풍부해야 한다.

거꾸로 독약도 흔히 자연에서 나온다. 신경 조직을 손상시키는 쿠라레는 그야말로 전설적이다. 남미 원주민들이 사냥할 때 이를 사용했고 전투에서도 쓰였다. 유럽인 정복자들은 이 독의 치명적인 효과에 깊은 인상을 받았다. 그리하여 이에 관한 최초의 증거는 이미 16세기에 찾아볼 수 있다. 광대버섯과 달걀파리버섯도 사람에게 너무 유독해서 이로 인해 죽을 수도 있다. 자연에서 암을 가장 강력하게 유발하는 재료 가운데 하나는 사상균의 독으로 사상균은 빵과 견과류에서 자란다.[9, 10] 그리고 가장 잘 알려진 흥분제도 역시 자연에서 유래한다. 담배·대마초가 그렇고, 가장 널리 퍼져 있는 것은 포도주와 맥주다. 자연은 많은 이로운 물질을 우리에게 공급하며, 그중 일부는 다른 물질보다 더 유용하다. 자연의 다양성이 훨씬 클수록 그만큼 우리가 선택할 수 있는 것도 더 풍부해진다.

그리고 하나의 식물이나 동물은 모방의 본보기나 모델이 된다. 이런 경우를 두고 생체공학이라고 말한다. 비행기가 새를 모방했다는 사실을 사람들은 이미 거의 잊고 있다. 하지만 이는 레오나르도 다빈치의 아이디어였다. 즉, 새의 나는 모습을 기계에 적용한 것이다. 이보다 덜 알려진 것은 한쪽에는 갈고리가 있고 다른 한쪽에는 걸림고리가 있어서 서로 붙였다 뗐다 할 수 있는 벨크로인데, 서로 떨어지지 않고 얽혀 있는 갈퀴덩굴을 모방했다. 매끈한 표면을 올라가기 위한 도구인 하켄을 고정하는 빨판의 유래는 오징어다. 자동차산업에서는 거북복과의 철갑에서 영감을 얻어 차체를 만들었다. 또한 벌집과 거북이 등 구조는 포일과 탄성 박판을 만들 때의 본보기였다.[11] 건물 외벽용 페인트와 래커는 연꽃이 모델이다. 연꽃에는 약간의 밀랍 성분이 있어서, 물과 흙이 표면에서 흘러내린다. 개발자는 이 같은 연꽃 효과를 모방했던 것이다.[12] 식물과 동물이 새로운 제품의 귀감이 되었고 또 되고 있는 사례는 모든 부문에서 수없이 많다. 이 경우 물질을 직접 사용하거나 추출하지는 않지만, 자연은 우리에게 자연의 본보기가 없었다면 얻기 힘들었을 아이디어와 자극을 준다.

자연의 성과는 하나의―우연한―협연을 통해 나타날 수도 있는데, 석회석과 바닷새 분비물이 화학적으로 반응하여 생성된 구아노(Guano: 분화석(糞化石)) 같은 경우다. 구아노는 인산이 풍부하기에, 새로운 화학적 과정을 발견하고 도입하기 전까지 전 세계적으로 가장 중요한 비료였다. 구아노는 너무나 가치 있게 여겨졌기에, 미국은 1856년 이에 관한 법을 통과시켰다. 바로 구아노섬 법(Guano Islands Act)이다. 이 법에 따르면, 구아노가 있는 모든 무인도는, 어느 미국 시민이 발견해 평화적으로 소유하고 있더라도, 미국 영토에 속한다는 것이다.[13] 대부분 태평양에 있는 50개 이상의 섬이 한동안 미국 영토에 속했고, 몇몇 섬은 오늘날까지 미국 관리하에 있다. 예를 들어 존스턴 환초와 미드웨이 환초가 그렇다. 역시 태평양에 있는 작은 섬나라 나우루는 수십 년 동안 구아노가 풍부했고 1970년대에는 기괴할 정도로 넘쳐났다. 그러다 구아노 양이 점점 줄어들었고 불행하게도 과거의 수입을 미래에 투자하지 못한 탓에, 결국 이 나라는 가난이라는 나락으로 떨어졌다.[14] 구아노 사례는 두 가지를 분명하게 해준다. 즉, 자연의 성과는 어떤 가치를 가질 수 있다. 그리고 이보다 더 중요한 것은, 거기에서 인간이 마음대로 이익을 취할 수는 없다는 사실이다. 자연에서 협연의 여지가 줄어들수록, 인간이 이를 활용할 수 있는 기회도 그만큼 줄어든다.

자연의 기관실, 생물다양성

대부분 우리가 전혀 의식하지 않은 채 당연하다고 보는 물질적 성과 외에 자연은 조절하는 일도 한다. 이를 통해 생태계가 제대로 기능하게끔 한다. 그러니까 기후를 조절하고, 토양을 보호하며, 토양에 공기를 통하게 하고, 식물을 수분시키고, 씨앗을 널리 퍼뜨리며, 물을 정화하는 등의 일을 한다. 기술적으로 표현한다면, 이렇게 말할 수 있다. 생물다양성은 자연의 '기관실'이다. 이곳에서 구체적으로 무엇이 일어나는지에 대해 우리는 대부분 모르며 관심도 없는데, 어쨌거나 모든 것이 어느 정도 마찰 없이 잘 굴러가는 동안에는 그렇다. 우리가 가장 의지하는 많은 유기체에게 우리는 거의 시선도 주지 않는데, 그런 유기체들은 야단법석을 떨며 자신들의 일을 하지 않는 까닭이다. 그들은 식물·곤충·벌레가 그렇듯 아주 조용히 일한다. 그들은 너무 작거나 땅 밑에 있어서 대부분 우리 눈에 띄지 않는다. 미생물과 토양미생물이 그렇고 수면 아래 물고기도 마찬가지다.

자연이 실행하는 가장 중요한 조절 기능은 유기체들의 서식지 보존으로, 이는 직간접적으로 인간에게도 중요하다. 자연이 스스로 해결하는 수분과 씨앗 전파도 지극히 중요한 의미가 있다. 곤충과 새·박쥐 같은 동물도 식물의 수분을 위해 꽃가루를 운반하거나 식물과 전체 생태계의 재생을 위해 씨앗을 옮긴다. 모든 야생식물 가운데 90퍼센트와 모든 중요 식용식물 가운데 4분의 3 이상이 적어도 부분적으로 동물들을 통한 수분에 의존한다.[15] 이로써 우리가 먹는 식량의 적어도 3분의 1은 동물을 통해 수분이 이루어지는 식물에 기반하고 있다.[16] 이는 매년 2350억~5770억 달러의 시장가치를 갖는 것으로 추산된다.[17] 그리고 이런 식물들은 과일과 채소를 포함하고, 씨앗과 견과를 생산하기 때문에 특히 균형 잡히고 건강한 영양 섭취를 위해 중요하다. 예를 들어 사과나무와 벚나무뿐 아니라 바나나나무와 카카오나무, 커피나무도 여기에 속한다.

특히 우려스러운 일은 벌꿀과 다른 꽃가루 매개자들의 죽음이다. 이들은 풍부하게 수확할 수 있게 해주고 들판에서 자라는 가장 중요한 열매들 가운데 대략 90퍼센트를 방문한다.[18] 전 세계에는 대략 2만 종의 벌이 있으며, 대다수는 야생벌이다. 이들의 개체수가 줄어들면, 농업에 직접 영향을 미치고 이로써 우리의 식량 공급에도 영향을 준다. 게다가 야생벌과 다른 꽃가루 매개자들이 사라지면 야생식물과 야생동물 세계에 무시무시한 결과를 가져온다. 셀 수 없이 많은 새들, 영장류와 곤충은 식물과 그 열매를 먹고 살아간다. 이런 식물은 수분과 증식을 위해 야생벌과 다른 곤충에게 의지해야 한다. 따라서 벌이 없으면 그에 의존하는 종들이 멸종하고, 이는 더 심각한 결과를 가져와 인간에게도 타격을 가할 수 있다.

야생벌이 동식물과 인간의 지속적인 존재에 어떤 의미를 갖는지는 다행스럽게도, 적어도 독일에서는, 그사이 대중의 의식으로 파고들어 갔다. 심지어 바이에른에서는 2019년에 '벌들을 구하라'라는 쉬운 제목의 국민 청원이 있었는데, 2주 만에 대략 170만 명이 서명했다. 이 국민 청원은 성공을 거두었고, 심지어 바이에른주 역사상 가장 성공적인 청원이었다. 이후 바이에른주에서는 자연보호법이 개정되어, 고지대에서는 생태적 경작을 늘리도록 했다.[19] 이런 사항들 중 많은 것이 아직 실행에 옮겨지지 않은 이유는 별개 문제이고 주 정부의 느긋함과 연관이 있다. 그러나 발전한 부분도 있는데, 예를 들어 생태농업과 과수원이다. 이를 위해 협정을 맺기도 했다. 이에 따라 지금 있는 개체수를 보호하고 부차적으로 100만 그루의 과실나무를 심을 것이다.[20]

꽃가루 매개자의 감소는 현재 무엇보다 유럽과 북아메리카에서 분명하게 나타나고 있다. 전 세계를 놓고 보면, 박쥐·새·원숭이·유대류·설치류 등 모든 척추동물 꽃가루 매개자의 16퍼센트 이상이 멸종위기에 있다는 사실을 우리는 알고 있다. 하지만 곤충의 경우 지역적 지식을 넘어서면 확실한 상태를 알 수 없다.[21] 곤충이 죽는 원인으로는 식물 병충해 방제 약품의 대량 살포, 초원과 목초지 훼손, 고농도 비료, 그리고 덤불, 나무와 휴경지가 없는 단작의 풍경을 꼽을 수 있기에, 최대한 강도 높게 농사를 짓는 곳은 어디든 위험이 도사린다고 볼 수 있다.

산소 생산, 유해물질 여과, 이산화탄소 저장

자연에는 또 다른 조절 기능이 있다. 즉, 산소를 생산하고, 유해물질을 공기에서 걸러내며, 숲과 땅, 습지에 이산화탄소를 저장하는 일이다. 물 공급도 자연의 조절 기능에 속한다. 물의 순환은 자체적으로 완결되는 자연적 체계로, 외부로부터 피해를 입으면 빠르게 훼손될 수 있다. 이는 킬리만자로산 사례에서 잘 볼 수 있다. 눈이 쌓여 반짝

이는 킬리만자로의 둥근 봉우리는 전설적이다. 그러나 유명한 초목지대가 있는 이 산은 카리스마 넘치는 사진을 찍는 곳 그 이상이다. 왜냐하면 킬리만자로는 독립적으로 존재하는 산 가운데 지구상에서 가장 높을 뿐 아니라 일종의 저수탑이기 때문이다. 그러니까 이 산이 없었더라면 분명 매우 건조했을 이 지역에서 100만 명 넘는 사람들에게 소중한 물을 공급한다. 킬리만자로산에는 고유한 기후가 있다. 화산이 대기를 상승시켜 서늘하게 만들어 비를 내리게 하고 그리하여 습기가 풍부하다. 이때 초목이 중요한 역할을 하는데, 특히 산비탈에 이끼와 착생식물이 자라는 숲이 그렇다. 이런 숲은 구름으로부터 물을 '짜내', 물이 서서히 토양으로 흘러들도록 돕는다. 또한 숲은 심하게 비가 내릴 때 지반을 안전하게 해주고, 수원(水源)에 있는 깨끗한 물을 식수 및 관개용으로 다시 사용하게 해준다.

그러나 숲은 위쪽으로부터의 위험에 처해 있는데, 특히 화재 때문이다. 흔히 야생 벌집을 태워서 꿀을 모을 목적으로 사람들이 불을 놓기도 하고, 또는 그런 의도 없이 불이 나기도 한다. 또한 기후변화로 인해 산불이 더 자주 일어난다. 여기서도 하나의 변화가 다시 다른 변화를 불러일으킨다. 즉, 수많은 산불로 인해 원래 있던 숲보다 더 빨리 불타버리는 에리카(Erica) 초목이 자란 것이다. 다시 말해 산불 효과가 배가된 셈이다. 그사이 위쪽 수목 한계선이 1970년대 말에 비해 대략 300미터나 낮아졌다. 이 같은 변화는 사소해 보인다. 하지만 이로 인해 대략 2000만 세제곱미터에 달하는 안개 물이 매년 사라지고 있다. 이는 매년 대략 100만 명이 필요로 하는 물의 양이다.[22] 따라서 숲 손실은 미세 환경뿐 아니라, 전 지역에 있는 수자원 관리에도 변화를 가져온다. 이렇듯 덥고 건조한 지역에서 물은 곧 생명이기 때문에, 수십만 명의 생존뿐 아니라 경제적으로 매우 중요한 관광 산업에도 부정적 영향을 미친다.

또한 훼손되지 않은 자연은 극단적 기후 결과에 대한 완충작용을 하는데, 이는 기후변화가 진행되는 동안 점점 더 중요해지는 요소다. 홍수·폭풍·폭서·쓰나미도 자연현상이지만, 놀랍게도 이런 자연현상은 초목이 무성한 환경에서 사는 사람들에게는 덜 위험한 편이다. 이는 2004년의 파괴적인 쓰나미가 분명하게 보여주었는데, 이때 인도양 해안에서 20만 명 이상이 죽었고 대략 170만 명이 집을 잃었다.[23] 거대한 파도의 파괴적인 위력 앞에서, 보호 작용을 해주는 숲이 없던 해안에 비해 맹그로브 숲이 있는 지역은 비교적 잘 보호되었다. 아무도 쓰나미를 막을 수는 없고, 이러한 자연의 위력을 마주하면 우리는 힘을 잃고 말지만, 그 효과를 완화할 수는 있다. 한 연구에 따르면 100제곱미터당 30그루의 나무만 있어도 쓰나미의 힘을 90퍼센트 이상 막을 수 있다고 한다. 쓰나미가 최대한의 강도로 밀어닥친 곳에서는 그렇지 않을 수 있지만, 그보다 강도가 덜한 곳에서는 나무들이 진정한 기적을 만들어내고 많은 고통을 덜어줄 수 있다.[24] 그런데 현실에선 정반대 일이 일어나고 있다. 즉, 열대와 아열대 해안에서 육지와 바다 사이에 자리한 맹그로브 숲이 엄청난 속도로 사라지고 있다. 20년 만에 맹그로브 숲의 40퍼센트가 파괴되었다.[25] 이 숲들은 폭풍이 몰아칠 때 강력한 장벽이 되어주며, 그 밖에도 수많은 어종을 위한 고향이면서 막대한 이산화탄소를 잡아둔다. 그 이산화탄소 양은 독일에서 1년 동안 모든 차량이 배출하는 양에 해당한다.[26]

휴양과 영감의 원천

하지만 생물다양성은 풍요의 뿔이나 기관실 그 이상이다. 간접적으로 우리에게 힘을 북돋아주며 웰빙에 기여한다. 나무·강·호수·숲은 우리가 충분히 숨을 쉬게 해주고 휴식을 준다. 우리는 자연에서 쉴 수 있고, 긴장을 풀 수 있으며, 육체적으로나 정신적으로 회복할 수 있다. 아름다움과 기쁨도 자연과 연결되어 있다. 카스파르 다비트 프리드리히의 고전 회화뿐 아니라 현대 사진도 이를 증명한다. 예를 들어 세바스티앙 살가두(Sebastião Salgado)는 수년 동안 브라질의 아마존 지역을 여행하면서 멋진 사진을 찍고 있다. 자연은 우리에게 영감을 주고, 안정감과 힘을 주며, 잠시 멈추게 하여 만족감으로 채워준다. 치유든 긴장 해소든, 휴양이든 명상이든, 산책을 하든 낚시를 하든, 수영을 하든 스노클링을 하든, 새를 관찰하든 정원 일을 하든, 우리는 자연에서 유익한 효과를 감지한다. 여기에 그치지 않고 자연은 우리의 정체성도 각인시킨다. 그러니까 주변 경치나 풍경은 소속감, 뿌리 박고 있고 연결되어 있다는 느낌을 안겨준다. 소리, 냄새, 풍경, 인상적인 동물·나무·꽃. 이런 것들을 누가 모르겠는가? 이런 것들이 우리의 어린 시절, 우리의 삶, 우리의 문화, 우리의 영혼에 각인되어, 의미를 만들어내고 판단기준을 제시해준다.

태평양연어가 바로 그런 본보기다. 이 연어는 많은 사람에게 생태학적 단서이자 문화적 단서가 되는 종이다. 즉, 연어는 태평양 연안 북서쪽의 토착민들에게 삶의 일부이자 정체성에 속한다. 이들은 심지어 연어를 가족으로 여기며 대단히 존중한다. 연어는 잡아서 먹고 파는 생선 그 이상인 것이다. 연어는 공동체와 문화의 일부를 차지하며, 그러면서 사회 연결망의 일부가 되었고 그렇게 다뤄진다. 그곳의 세계관은 이러하다. "당신이 연어를 보살피면, 연어도 당신을 보살핀다." 연어를 잘 돌보는 행동은 자연과 생명에 대한 견해와 밀접하게 연관되어 있다.[27]

인간과 자연의 관계는 태평양에 사는 토착민들처럼 항상 좋지만은 않다. 그러나 그곳은 많은 사람이 믿고 싶어 하는 것보다 더 밀접한 관계를 맺고 있다. 연구에 따르면, 생물다양성과 인간 정신 사이에는 측정 가능한 연관성이 존재한다. 즉, 주변에 곤충이 찌륵찌륵 울고, 새가 많이 지저귈수록, 그리고 나무가 많이 자랄수록, 사람들은 더 건강하다고 한다.[28] 결론은 간단하다. 자연이 더 많을수록 사람들은 더 평안하다. 유럽 전역에서 3만 명 이상을 대상으로 한 조사도 다양한 종의 새와 만족감 사이에 두드러진 연관성이 있다는 사실을 보여준다. 그 연관성은 너무 강력해서 심지어 더 많은 소득으로 돌아온다. 즉, 한 지역에서 새들의 종류가 10퍼센트 더 많으면 소득 만족도도 10퍼센트 더 늘어난다는 사실이 밝혀졌다.[29] 돈만 우리를 행복하게 해주는 게 아니고 다양한 생물 종도 그렇게 해준다는 논리적 결론이다.

자연이 우리 정신에 어떤 효과를 미치는지는 최근에 코로나 팬데믹이 분명하게 보여주었다. 대대적인 조사를 진행하지 않고서도 어느 정도 확실하게 알 수 있었던 점은, 전염병이 한창일 때 공원·강변·들판·초원·숲으로 산책하는 것은 사람들 대부분에게 긴요했으며 최후의 버팀목이었다. 어쩌면 우리는 그 어느 때보다 이 시기에 더 분명하게, 우리가 평안하려면 다른 모든 것에 얼마나 의지해야 하는지 체감했다. 기분전환을 시켜줄 대안도 없고 허용되지도 않았던 시기에 루소의 신조인 '자연으로 돌아가자'는 특별한 방식으로, 강제로 갇혀 있고 정신적으로도 억류된 상태를 뚫고 헤쳐나가기 위한 처방전으로 여겨졌다. 맥주나 와인을 마시는 대신(이를 반대하는 건 전혀 아닌데) 규칙적으로 산책하면서 만나는 습관이 코로나 이후에도 유지되면 좋을 것 같다.

자연은 어차피 생존한다―이렇게든 저렇게든

자연이 인간을 위해 행하는 일들은 아무리 높이 평가해도 지나치지 않다. 우리의 생존에 필요한 거의 모든 것은 어떤 형태로든 자연에서 온다. 정확히 말하면 자연이 우리를 필요로 하는 것보다 우리가 자연을 무한히 더 많이 필요로 한다. 자연은 어떤 형태로든 존재할 테지만, 우리가 살아남을지 아닌지는, 앞으로 수년, 수십 년 동안 자연을 얼마나 배려하면서 행동하는지 그리고 생물다양성을 유지하고 또 지원하는 일에 얼마나 성공하는지에 달려 있다. 왜냐하면 생물다양성이 감소하면서 생태계가 인간을 위해 해주던 일들도 줄어들고 있기 때문이다.

생물다양성과학기구(IPBES)에서 자연의 18가지 다양한 혜택을 구분하고 지난 50년 동안 트렌드를 파악해보니 그야말로 충격적인 결과가 나왔다. 즉, 18가지 혜택 가운데 14가지가 줄어들었고, 그중에는 수분과 가능하면 많은 종들을 위한 서식지 제공도 있었다. 그러나 공기 질과 기후 조절, 식수 공급, 해충과 질병의 조절, 그리고 물고기 양도 심각하게 나빠지고 줄어들었다. 유일하게 에너지·식량·사료·섬유 같은 다양한 물질만 지난 50년 동안 늘어났을 뿐이다.[30] 인간은 최대한 물질적 이익을 취하기 위해 생태계를 바꿔놓았고, 그 대가는 자연의 조절 기능과 무형의 성과들이다. 기후변화가 이를 잘 보여준다. 석탄과 석유 같은 화석연료를 사용함으로써 우리는 더 많은 에너지를 쓸 수 있게 되었지만, 연소를 통해 더 많은 이산화탄소가 대기 중으로 흘러들어간다. 농업용 토지 조성도 비슷하다. 숲에 있는 나무들을 벌채해 더 많은 식량을 생산할 수 있었지만—이는 증가하는 세계 인구를 위해서는 꽤 의미 있는 일이다—그와 동시에 숲에 묶여 있던 이산화탄소가 방출되었고, 수분 기능이 줄었으며, 수질도 떨어지고 자연이 제공하던 심미적이고 건강에 이로운 효과도 줄어들었다.[31]

게다가 자연의 혜택에 가장 직접적으로 의존하는 것은 가장 가난한 사람들, 그러니까 글로벌 사우스(global south) 국가들에 사는 사람들이다. 그들은 대부분 농촌에 살고 있고, 산업화된 사회에서 사는 사람들에 비해 자연적 환경에 훨씬 직접적으로 노출되어 있다. 소작농이든, 불을 피울 나무를 구하거나 샘물에서 물을 길어오든, 그들의 존재는 직접적으로 자연자원에 달려 있다. 산업국가 사람들이 이용하는 모든 제품에도 자연적 성분이 들어 있지만, 그중 일부가 부족해도 그것을 대체할 대안이 있다. 세계의 다른 지역에서 조달할지라도. 세계자연기금(WWF)에 따르면 전 세계에서 거래되는 전체 식량의 6분의 1이 EU 국가들에게 공급되고 이를 위해 열대지방에서는 땅을 개간해야 한다.[32] 여기서 모순이 발생한다. 즉, 일상에서 자연에 가장 많이 의존하는 사람들이 자연의 손실에 가장 덜 저항한다.

그런데 많은 사람에게 가난과의 싸움에서 자연에 대한 배려는 사치로 여겨진다. 상대적으로 가난한 국가들은 자연을 아껴가면서 다룰 만한 경제적 능력이 안 된다. 적어도 당장은 그렇고, 가난을 상당한 수준으로 극복했을 때에야 비로소 가능하다. 이로 인해 궁핍, 자연 훼손, 더 심한 궁핍이라는 악순환이 생겨난다. 그 결과 특히 개발도상국의 시골 사람들은 땔나무를 모으거나 물을 길어오는 것처럼 일상의 일을 해결하는 데 점점 더 많은 시간이 필요해진다.[33] 예를 들어 방글라데시 여자들은 자신들의 시간 가운데 거의 절반을 식량을 구하고 음식을 준비하는 데 보낸다고 한다.[34] 유엔환경계획(UNEP)에 따르면, 생태학적 쇠퇴의 부담은 모든 사람이 감지할 수 있지만, "가난하고 취약한 사람들에게 훨씬 더 강력할 수 있다"고 한다. 왜냐하면 상대적으로 잘사는 나라의 생산자와 소비자는 자신들의 "생태 발자국을 흔히 못사는 나라"에 수출하기 때문이다.[35] 기아·궁핍·불평등과 자연의 과잉 이용을 극복하기 위한 국제 어젠다(의사일정)에 따르면, 어림잡아 지속가능한 개발 목표들의 80퍼센트가 생물다양성 손실로 위협받고 있다.[36]

생물다양성이 인간의 미래 생존에 매우 중요하다는 사실은 의문의 여지가 없다. 생물다양성은 가끔 사람들이 주장하듯 결코 외부적인 요인도 아니고, 뭔가 다른 문제거나 분리해서 생각할 문제도 아니다. 하지만 우리의 생존을 위해 어떤 종들이 필요한지, 또 얼마나 필요한지는 불분명하다. 핵심 종들은 이 자리에서 열거할 수 있다. 예를 들어 열대지방의 모든 나무 종 가운데 90퍼센트 이상은 척추동물, 특히 새들이 씨를 퍼뜨린다.[37] 그중 큰부리새와 코뿔새처럼 큰 부리를 가진 일부 종은 먼 거리를 날아갈 수 있다. 이런 새들은 씨앗을 퍼뜨리는 데 중요한 역할을 하며, 그래서 '숲의 정원사'로 불린다.

해달도 북태평양에서 몇 년 만에 개체수가 크게 줄면서 핵심 종이 되었다.[38] 이는 해안 가까이에 있는 다시마숲(kelp forest)에 치명적이다. 족제비과는 무엇보다 익살스럽게 보이는 까닭에 유명세를 탔다. 그중 해달은 조개를 먹기 위해 조개껍데기를 돌로 깬다. 이때 대체로 돌 하나를 가슴에 대고 조개를 앞발로 으깬다. 해달이 얼마나 솜씨 있게 조개를 깨는지 한 번이라도 관찰해본 사람이라면, 그 모습을 잊지 못할 것이다. 해달은 이처럼 조개를 여는 과정 때문에 잘 알려져 있지만, 정작 주로 먹는 먹이는 성게다. 이미 예전에 한 번 해달은 멸종 위기를 겪었다. 모피 때문에 해달은 1910년 무렵까지 대대적으로 사냥을 당했다. 이 동물을 구하기 위해 러시아·영국·미국·일본은 1911년 몇몇 구역에서 해달 포획을 완전히 금지하는 베링해조약에 서명했다. 이를 통해 해달 수는 어느 정도 유지되었고 1970년쯤에는 거의 이전 개체수를 회복했다. 그러나 다시 개체수가 줄어들고 있는데, 범고래에게 잡아먹히고 있는 탓이다. 이로 인해 성게의 개체수는 증가하고—그 총량은 이미 8배나 증가했다—이는 또다시 다시마숲에 파괴적인 영향을 미친다. 성게가 다시마숲을 다 먹어치워서 완전히 없애버릴 수도 있기 때문이다. 1991년에만 해도 이 가시 달린 동물은 다시마 양의 1퍼센트만 먹어치웠는데, 6년 뒤에는 거의 48퍼센트를 먹어치웠다.[39, 40]

해안 근처에 있는 다시마숲은 특별해 보이지 않을 수 있지만, 그 안에 많은 갈조류가 있어서 수많은 동식물에게 서식지이자 휴식처를 제공한다. 다시마숲은 바다의 열대우림으로 여겨지며, 우림과 비슷하게 다양한 생물에게 인기 있는 핫플레이스다. 다시마숲은 해초, 외항류, 각종 벌레, 조개, 달팽이, 말미잘, 게와 수많은 물고기에게 집을 제공한다. 이들은 바로 다시마숲에 새끼들이 자라는 육아실을 마련하는 것이다. 이미 찰스 다윈도 100년 전에 이렇게 기록했다. "거대한 다시마 잎들 중간에 다른 곳에서는 먹이를 구하지도 은신처를 찾지도 못하는 수많은 물고기가 산다. 만일 다시마가 파괴되면, 해조와 수달, 바다표범과 돌고래도 곧 사라질지 모른다."[41]

그런데 범고래는 왜 갑자기 해달을 먹는 것일까? 수천 년 동안 둘은 포식자–피식자 관계가 전혀 아니었다. 가장 개연성 있는 설명은 바다사자와 기각류(물개·바다표범·해마 등)가 급감했다는 것이다. 그리고 이런 종들의 감소는 과도한 어획과 기후변화로 인한 바닷물의 온난화를 통해 먹이로 적합한 물고기들이 점차 부족해진 현상과 관련이 있다.[42] 결국 인간의 개입이 해달의 죽음과 다시마숲의 파괴를 불러일으킨 원인인 것이다. 이 사례는 하나가 피해를 입으면 또 다른 피해를 낳으면서 점점 엄청난 결과로 이어질 수 있다는 것을 분명하게 보여준다. 그렇게 관계가 얽혀 있다는 것을 그전에는 몰랐을 수 있다. 또한 이 사례는 잘 알려지지 않았지만 자연에서 광범위하게 얽혀 있는 관계에서 핵심 역할을 하는 종들이 있다는 사실을 분명하게 보여준다. 이런 종들은 흔히 먹이사슬에서 가장 꼭대기에 있고 전체 생태계에 어마어마한 작용을 할 수 있다. 생태계에 이른바 인공폭포 같은 작용을 하는 또 다른 핵심 종을 예로 든다면, 늑대·재규어·여우, 그리고 (바다에서는) 농어가 있다.

노아의 방주 원칙은 통하지 않는다

이는 물론 역으로 사람들이 언뜻 보기에 덜 중요한 종들을 남겨둘 수도 있다는 의미가 아니다. 우리는 흔히 종들의 역할을 단순히 모르거나 다른 종들과의 상호작용을 충분히 이해하지 못한다. 아직 연구하지도 파악하지도 못한 종도 많다. 이런 수준에서 어떻게 종들의 기능과 그 유용함을 예측할 수 있겠는가? 어쩌면 오늘날 '눈에 띄지 않는' 종이 장차 핵심 종으로 밝혀질 수도 있는데, 물이 부족해도 잘 살아남거나 박테리아에 대해 특별히 저항력이 강해서일 수 있다. 또는 고온에서도 잘 성장하거나 영양분이 부족한 토양에서도 잘 자라기 때문일 수 있다. 그렇기에 종들을 본질적으로 중요한 종부터 포기해도 되는 종까지 목록을 작성하고 이에 따라 '최고의 종'부터 구출하려고 집중하는 일은 매우 부주의한 태도다. 노아의 방주 원칙은 유감스럽게도 여기서는 통하지 않는다.

　종들의 멸종을 보고서도 아무 일도 하지 않으면, 위험을 즐기다가 앞으로 충분한 동식물이 남아 있기를 바라는 것과 똑같다. 계속해서 변하는 환경에서도 동식물이 우리 인간의 생명과 생존에 필요한 것을 제공해주기를 바라는 태도다. 일부 종을 선택적으로 구출하는 것은, 비록 그런 일이 가능하고 유용할지언정, 우리의 목표로 인도해주지 않는다. 그런 선택적 구출은 현명하지 못하고 무책임한 태도일 수 있다. 그렇기에 유일한 해답은 다음과 같다. 생물다양성을 가능한 한 많이 보존하는 것.

다른 말로 하면, 계속되는 종의 소멸은 마치 우리가 매일 새롭게 생명보험을 해약하는 것과 같다. 여기서 분명하게 생각할 줄 아는 사람은 누구나 사람들이 취하는 조치나 처치의 파괴적 성격을 인지할 수 있다. 이와 반대로 유감스럽게도 생물다양성 감소의 결과에 대한, 그 상황의 심각성에 대한 인식은 부족하다. 이는 참으로 치명적이다. "훼손되지 않은 생태계에 생물다양성이 없다면, 우리는 식량 위기, 기후변화와 병원체에 적절히 대응할 수 없다."[43] 독일 개발부 장관 스벤야 슐체(Svenja Schulze)의 말이다. 그리고 이것은 자연이 오랫동안 우리를 위해 당연한 듯 해주었으며 우리가 시급하게 의존하는 것, 자연이 지금까지 이루어낸 성취의 일부일 뿐이다.

4

아니, 문제는 플라스틱이 아니야
생물다양성을 가장 많이 파괴하는 농업

젠켄베르크 자연사박물관 방문자들에게 가장 끔찍한 환경문제가 뭐라고 생각하는지, 그리고 제일 먼저 걱정해야 하는 게 무엇인지 묻자, 가장 많은 사람이 이렇게 대답했다. 바로 플라스틱 쓰레기라고. 물론 그 누구도, 이처럼 기발하고도 유해한 재료가 전 세계적인 문제가 되고 엄청난 위험을 불러올 수 있다는 사실을 부인할 수 없다. 하지만 플라스틱은 우리가 현재 직면해 있는 유일한 도전이 아니며 생물다양성이 줄어드는 주요 원인도 아니다. 토양 이용 변경과 기후변화 같은 다른 요소들이 훨씬 더 중요하다. 바로 여기에 흥미로운 착각이 존재한다.

바다에 양탄자 크기로 뭉쳐서 둥둥 떠다니는 플라스틱들, 해안가에 산처럼 쌓인 페트병들, 꼬리에 솜뭉치가 둘둘 감겨 있는 해마, 그리고 몸 안에 플라스틱이 가득 차서 죽어버린 새들이나 많게는 40킬로그램이나 되는 플라스틱이 위에 가득 찬 채 죽어버린 고래를 담은 인상적인 사진들은 사람들에게 충격을 준다. 또한 여성 해양생물학자가 조심스럽게 바다거북의 코에서 빨대를 끄집어내는 영상을 본 사람들은 결코 냉담해질 수 없다.[1] 동물들은 이렇게 구출될 때 엄청나게 고통스러운 모습을 보인다. 마지막에 이 여성 생물학자는 피가 묻은 기다란 플라스틱을 카메라에 비추는데, 경고이자 독촉의 의미가 담겨 있다. 이 영상은 단기간에 1억 100만 회라는 조회수를 기록했고, 거의 13만 명의 사용자가 댓글을 달아야겠다고 느꼈다.[2] 이 영상 하나만으로도 희생당한 동물들이 어떤 상태인지 매우 잘 보여준다.

여기에 바다의 가장 깊숙한 곳에서도 발견된다는 (미세) 플라스틱에 관한 뉴스가 들려온다. 가령 수면에서 1만 1000미터 아래에 위치한 마리아나 해구에서도 발견된다는 것이다. 또는 에베레스트산 위에서 벌레처럼 보이는 작은 실이 나타났는데, 나중에 알고 보니 플라스틱으로 밝혀졌다. 그러니까 얼마나 높은 곳이든 깊은 곳이든 상관없이 어디에서든, 그 어떤 것도 플라스틱에서 벗어날 수 없어 보인다. 더 늘어난 플라스틱은 바다에 사는 수백 종의 생물, 그중에서도 바다거북의 86퍼센트, 바닷새의 44퍼센트, 해양 포유류의 43퍼센트에 피해를 입힌다.[3] 이 모두는 우리가 인류세 시대를 살고 있다는 것을 분명하게 보여주는 또 다른 증거다. 물론 플라스틱의 해로운 작용은 충격적인 사진들, 그리고 조앤 럭스턴(Joanne Ruxton)[4]이 공동 설립자인 플라스틱오션파운데이션(Plastic Ocean Foundation) 같은 단체의 캠페인으로 인한 좋은 정보들 덕분에 잘 기록돼 있고 많은 대중이 이를 인식하게 되었다.

플라스틱 산이 더 늘어나는 문제를 오래전부터 해결하진 못했지만, 그사이 세계 모든 지역에서 조치를 취하고 있다. 즉, 2021년 중반 이후 EU에서는 빨대, 음료 젓는 막대, 테이크아웃용 컵 등 많은 물품의 사용을 금지했다.[5] 르완다는 이미 2007년 비닐봉지를 완전히 금지했는데[6] 이 문제에서는 이제 세계에서 가장 깨끗한 나라에 속한다. 전세계적으로 최소한 77개국이 어떤 형태로든 플라스틱 제품 사용을 줄이거나 금지했다.[7] 그리고 2022년 초, 유엔에서는 바다 쓰레기를 줄이기 위해 법적 효능이 있는 국제 조약을 위한 전제조건을 협의했다. 각국에서 파견한 대표들은 나이로비에서 열린 국제 환경회의에서 협의해야 할 훈령들을 나누어주었다. 즉, 아직 합의가 이루어지지 않았으며 조약 발효까지는 아직 멀었다. 그렇게 되기까지 분명 아주 많은 플라스틱이 강과 바다로 흘러들겠지만, 그래도 중요한 것은 첫걸음을 내디뎠다는 사실이다.

어쩌면 대형 언론사들의 뉴스 때문에, 또 플라스틱은 어디서든 보고 접할 수 있기 때문에, 이 주제는 다른 환경 관련 주제들에 비해 사람들 머릿속에 더 분명하게 각인될 수 있었을 것이다. 적어도 종 다양성 주제가 현실적으로 불러일으킬 수 있는 관심에 비해서 말이다. 생물다양성 감소 원인들 가운데 '환경오염'은 4위에 해당하며, 이 문제에서는 다른 요소들이 더 크게 작용한다. 종들이 소멸하는 원인으로 훨씬 의미심장한 것은 토양 이용 변경, 생물 종의 과도한 이용 및 기후변화다. 환경오염에 이은 5위는 외래종의 확산이다. 이 다섯 가지를 '빅5'라 부르는데, 그만큼 종 다양성 상실에 일정 부분 책임이 있기 때문이다.

지표면의 변화

토지 이용은 다른 어떤 요소와 비교해도 그야말로 최우선 사항이다. 인간은 지난 수천 년 동안 지표면을 바꿔놓았다. 즉, 농업용 면적이 늘어났고, 숲은 줄었으며, 구역을 나누어 봉쇄했다. 그리하여 집·도로·다리·철도·공장이 들어섰다. 인간의 개입은 간과할 수 없는 수준이었다. 얼마나 강력하게 개입했는지는 최근에 카를스루에 기술연구소 연구원들조차 놀라게 했다. 그들은 역사적 토지 변동 평가(Historic Land Dynamics Assessment)라는 지도를 개발했는데, 이는 위성 자료와 토지 이용 통계를 이용해 1960~2019년 전 세계 토지 변화를 재구성한 것이다.[8, 9] 그 결과, 단 60년 만에 전 세계 토지의 3분의 1이 어떤 형태로든 변한 것으로 나타났다. 카를스루에 연구소의 연구 결과에 따르면, 그런 토지 이용 변경으로 토지 가치는 대략 네 배 올랐는데, 장기적 분석을 통해 그렇게 나왔다고 한다. 이는 1950년대부터 진행된 '거대한 가속'의 증거이기도 하다. 그런데 전 세계를 관찰해보면 개발은 어디에서나 똑같이 이루어지지 않았고, 글로벌 노스(global north)는 대략 2006년 이후 멈추었지만, 글로벌 사우스는 지금도 계속 속도를 내고 있다. 전반적으로 그 추세는 매우 분명한 모습을 보여준다. 바로 자연 서식지의 상실이다.

이렇게 된 주요 원인은 농업이다. 1963년과 2005년 사이에 전 세계적으로 식량을 위한 재배 면적이 대략 2억 7000만 헥타르 늘어났다. 이는 독일 면적의 8배쯤 된다. 이처럼 농지로의 용도 변화는 특히 열대지방에서 눈에 띄었는데, 이곳은 하필이면 가장 많은 생물 종의 서식지가 있는 곳이다. 이산화탄소 저장고로서의 기후 작용은 두말할 필요도 없다. 이곳에서는 숲의 벌목, 소 키우기, 라틴아메리카에서 흔한 콩 재배, 동남아시아에서 많이 이루어지는 팜유 대농장으로 인해 생태계 피해가 극심했다. 벌채로 생겨난 숲속 길을 도처에서 관찰할 수 있고, 거대한 우림이 파괴된 아마존에서 특히 그렇다. 그 대신 보이는 곳마다 단작이 우세하다.

페루를 찍은 나사(NASA) 위성사진을 보면 남벌은 깊은 흔적을 남겼다. 우림 한중간에서 진짜 강 외에도 거대한 "금빛 물줄기"가 우주 공간에서도 보인다. 서로 다닥다닥 붙어 있는 수백 개의 구덩이는 바로 금을 채굴하려고 팠다가 물이 채워진 곳이다.[10, 11] 태양이 이 구덩이들을 비추면 반짝이는 강처럼 보인다. 이는 인간이 대담하게 자연에 개입한 증거가 아닐 수 없다. 그 외에 골드러시로 인해 밀림의 모든 도시는 홍등가를 포함해 사람들에게 필요한 모든 것을 갖추게 되었다. 러시아 북쪽 원시림도 캄보디아와 말레이시아 같은 다른 지역 숲들처럼 파헤쳐지고 있다.[12] 마치 달의 풍경을 연상시키는 버려진 노천 탄광을 우리는 옛 동독, 콜롬비아, 미국, 베트남에서 볼 수 있다. 이렇게 땅을 이용하면서 눈에 띄게 바꿔놓는 방식은 앞으로 오랫동안 지속될 가능성이 많으며 전 세계가 마찬가지다.

이제 케냐에서도 숲이 거의 남아 있지 않으며, 땅의 1~2퍼센트로 추정된다.[13, 14, 15] 하지만 숲은 물을 간직해왔고 그로써 토양을 유지했으며, 건기에는 예를 들어 이슬을 통해 자연에 다양한 방식으로 물을 공급했다. 케냐는 불과 50년 사이[16, 17] 인구가 600만 명에서 5600만 명으로 증가하면서 자연에 대한 압박 수위가 높아졌다. 즉, 농사지을 수 있는 땅은 다 갈아엎었다. 그 결과 무엇보다 초원화와 토양 부식이 일어났다. 이는 생물다양성을 감소시킬 뿐 아니라 물 관리에도 영향을 주었다. 즉, 이 지역에 흔히 내리는 매우 강력한 열대 강우에 속수무책이었다. 그래서 엄청난 홍수와 극심한 가뭄이 번갈아 가며 나타난다. 이러한 대재난의 일부는 인간으로 인해 일어나는 것이다.

그렇게 먼 곳을 바라볼 필요도 없다. 독일 역시 자연적인 땅이 사라지고 있는데, 주로 농업용, 거주용, 교통용으로 이용하기 위해서다. 이는 최근 들어 일어난 일도 아니다. 이와 관련해 매우 눈에 띄는 본보기가 바로 라인강이다. 바덴 지방 출신 엔지니어 요한 고트프리트 툴라(Johann Gottfried Tulla)는 19세기에 "야생의 라인강을 길들인 조련사"로 유명했는데, 바젤과 빙엔 사이를 흐르는 유럽에서 가장 큰 강을 실제로 80킬로미터나 축소해버렸다. 라인강은 얕은 지대의 풍경을 배경으로 자연스레 구불구불 흘러가던 수로(水路)였다가 어느 정도 비좁은 너비인 200~250미터의 단일 물길이 되어 일직선으로 깊게 파이며 흘러갔다. 여기에 이 형태를 확고하게 다지기 위해 제방을 쌓았고 가장자리를 튼튼히 했다. 툴라는 라인강 상류의 경치를 가장 많이 바꾼 사람들 가운데 하나다. 그렇게 바뀌기 전 라인강은 작은 섬들이 있는 많은 지류로 이루어졌지만, 이제 단 하나의 수로에 갇혀 흘러간다.[18] 이는 언뜻 보면 장점이 많아 보인다. 즉, 이제 농사지을 땅이 많이 생겼고, 홍수와 모기로 인한 괴로움도 줄었으며, 수상 교통이 더 짧아지고 빨라졌고, 온갖 경제활동 장소로서 강의 매력이 증가했다.

사람들은 툴라에게 열광하면서 고마워했고, 라인강에 인접한 지역, 예를 들어 뵈르트암라인, 카를스루에, 막스밀리안자우 같은 곳 주민들은 기념비를 세웠으며, 오늘날까지 그의 이름을 딴 거리와 학교도 있다. 하지만 여기서 오래된 농민들의 지혜를 위반했다는 사실이 곧 드러나고 말았다. 이에 따르면 사람은 "한 푼 두 푼 따지는 지혜"는 필요하지 않으며 "탈러(은화)를 놓치는 어리석음"을 범해서는 안 된다고 했다. 라인강을 직선으로 흐르게 하고, 강의 지류들을 잘라버림으로써 치러야 하는 대가는 컸다. 즉, 물이 더 빨리 흘렀고, 강 바닥이 더 깊이 파였으며, 지하수 수위가 낮아졌고, 많은 물을 저장하던 저지대 수풀이 사라졌다. 땅은 농업용으로 사용되었고, 경지 정리가 이루어졌다. 습지, 숲과 나무 등 기계 운용에 방해가 되는 모든 것은 제거되었다.[19] 하지만 이로써 과거에 물을 잡아두고 홍수 위험을 막아주었으며 주변 풍경을 구성하던 모든 요소가 사라졌다. 정확히 말하면 생물다양성의 많은 부분이 사라져버렸다.

라인강은 그저 하나의 사례에 불과하다. 이처럼 수로의 자연스러운 본성에 개입한 경우는 전 세계 어디에서든 찾아볼 수 있다. 반대로 자연 그대로의 물길을 유지하고 있는 강물은 소수에 불과하다. 알프스산맥에 있는 탈리아멘토강은 길들여지지 않은 마지막 강으로 간주된다. 그 탈리아멘토 왕국에는 원래의 풍경, 그림 같은 장소들과 그곳 특유의 동식물이 속해 있다. 그래서 이 강은 "알프스 강들의 왕"[20]이라 불린다. 이와 유사하게 비오서강도 사람에 의해 전혀 훼손되지 않았는데, 이 강은 그리스 북서쪽에서 발원하여 알바니아를 거쳐 아드리아해로 흘러들어간다. 이 두 강은 최대 너비 2킬로미터의 강바닥, 역동적으로 굴곡을 이루는 강줄기, 넓은 자갈밭, 불쑥 나타나는 작은 섬들과 온갖 특이한 종들이 다양하게 있는 저지대 수풀로 유명하다.

우리 인간도 강물이 필요하고 수력발전소를 통해 비교적 깨끗하고 이산화탄소를 배출하지 않는 에너지를 얻을 수 있다. 그래서 강을 완벽하게 보존하는 것은 우리의 경건한 소망이다. 그런데도 이용하는 것 외에 보호하는 문제는 여전한 관심사인데, 이 둘이 지혜롭게 균형을 이루도록 해야 할 것이다. 그리고 강의 원래 형태를 제거하고자 할 때 기술적 해결책이 훨씬 우수하다는 맹목적 신뢰를 가져서는 안 된다.

거기에 더해 도시들도 성장했는데, 지난 30년 동안 두 배 이상 확장되었다.[21] 그사이 유엔 보고서에 따르면 시골보다 도시에 더 많은 사람이 살고 있으며, 심지어 21세기 중반까지 도시 거주자가 3분의 2에 이를 것이라고 한다.[22] 때로 도시들은 놀라운 속도로, 그야말로 폭발적으로 팽창한다. 예를 들어, 나이지리아 도시 라고스는 1960년대에 수십만 명의 주민이 있었지만, 1990년에는 이미 400만 명을 넘어섰고, 2015년에 1500만 명쯤 되었다. 이런 식으로 인구가 늘어나면 21세기 중반까지 4000만~6000만 명이 되리라 예측된다.[23, 24] 이런 수치는 상상할 수 없는 규모로, 땅을 어마어마하게 사용해야 할 것이다. 모든 도시가 라고스처럼 빨리 커지지는 않겠지만, 대체로 성장을 계속하며 대부분 완전히 비체계적이다. 만일 지금처럼 땅을 소모하는 (그리고 자원을 소모하는) 행위를 똑똑한 도시계획으로 대체하지 못한다면, 모든 사람이 도시에 집을 갖게 될 때까지 얼마나 많은 자연이 파괴될지 쉽게 상상해볼 수 있다.

동물과 식물의 과도한 이용

생물다양성을 훼손하는 가장 중요한 원인은 지표면의 변형이고, 두 번째로 중요한 원인은 동물과 식물의 과도한 이용이다. 즉, 우리는 생물 종들의 번식 속도보다 더 빨리 그들을 소모한다. 이에 대한 책임은 구체적으로 고기·생선·나무, 온갖 식물 재료에 대한 우리의 소비에 있다. 우리는 무기나 덫으로 동물을 사냥하고, 전 세계 바다에서 거대한 그물로 물고기를 잡으며 나무와 식물을 수확하고 모으거나 밴다. 게다가 이 모든 일은 생물의 수명 및 번식 사이클을 전혀 고려하지 않고 이루어진다.

눈으로 볼 수는 없지만, 특별히 문제가 되는 것은 앞서 언급했던 무자비한 어획이다. 사실 20세기 초반에 바다 물고기가 이 정도로 크게 줄어들 수 있다고 주장한 사람이 있다면, 미쳤다는 소리를 들었을 것이다. 제2차 세계대전으로 인해 어쩔 수 없이 산업적 어획이 중단된 뒤 물고기의 양은 그야말로 무한해 보였다. 심지어 많은 사람이 세계 인구가 증가해도 바다에서 식량 문제를 해결할 수 있다고 봤다. 그러나 기술적 발전은 육지만이 아니라 바다도 정복했다. 고작 수십 년 만에 산업적 어획은 전통적인 북반구 조업 구역에서 전 세계 모든 바다로 확장했고 해안에서 점점 멀어졌다. 바다에서 사냥할 때는 흔히 인정사정없는 방식을 사용한다. 어망은 바닥에서부터 끌어올리는데, 이때 게·불가사리와 다른 많은 해양 동물이 함께 딸려 올라온다. 이것들은 갑판에서 죽고 다시 바다로 던져진다. 부수적으로 찬물에 사는 산호초, 해면동물, 또는 어딘가 붙어서 살아가는 조개가 어망의

롤러나 바닥 종들을 몰아낼 목적으로 사용하는 쇠사슬에 의해 부서진다.[25] 북해에서는 그 같은 어망이 많게는 매년 세 배씩 더 주위를 파헤친다.[26] 이로써 해초와 산호초 등 어린 물고기들의 소중한 서식지가 파괴되는 것이다. 이것은 열대우림에서 무자비하게 짓밟고 다니는 불도저처럼 유해하지만, 우리 눈에 보이지 않을 뿐이다.

이제 진 세계 바다에는 이른바 떠다니는 공장이 돌아다니며, 이들은 최신 기술을 장착하고서 노획물이 있는 장소를 정교하게 탐색해 주도면밀하게 잡아들인다. 과거에는 암초와 노후 선박을 피해 돌아다녀야 했지만, 오늘날에는 매우 민감한 3D 해저탐지기, 디지털 지도와 위성 항법을 통해 물고기 길이까지 알아낸다. 망망대해에 어마어마한 물고기 떼가 있으면 그 주변으로 가서 마지막 한 마리까지 '깔끔하게' 잡아올린다. 그리고 곧장 갑판 위에서 잡아들인 노획물들을 처리하고 포장해서 냉동고에 보관한다.[27] 이러한 산업적 어선들은 전통적 방식의 작은 고기잡이 배들을 주변으로 밀어냈다. 오늘날 작은 어선들의 어망은 점점 더 비어간다. 이와 관련해 두드러진 예를 꼽는다면 소말리아와 케냐의 해안이다. 한때 이곳 저인망 어선들은 물고기 씨가 마를 정도로 잡아들였다. 이제는 많은 어부가 자신들 배를 무기와 바꾸고 해적이 되었다. 이것이 노력해서 얻을 가치가 있는 대안은 아니지만 좋은 점도 있다. 해적으로부터 습격당할까 무서워서 수년 동안 단 한 척의 배도 소말리아 앞바다에서 어획을 하지 않았던 것이다. 그리하여 물고기 개체수를 회복했다. 그리고 나서는 잡은 물고기 수보다 더 많은 물고기가 생겨났다. 사라졌던 종들도 돌아왔는데, 바라쿠다 또는 통돔과 물고기들이 그런 예다.[28] 이 이야기는 결코 본보기가 아니지만, 다음과 같은 사실을 인상 깊게 전해준다. 즉, 물고기 수는 사람들이 가만 내버려두면 늘어난다는 것이다.

그사이 육지에서도 야생동물 사냥이 급격히 증가했고 그로 인해 수많은 종이 크게 줄었다. 특히 동남아시아, 아프리카, 남아메리카의 열대지방과 아열대지방이 그렇다. 한편으로 동물 고기는 단백질을 보충할 때 중요하다. 따라서 사냥은 최저 생활수준으로 살아가는 이들에게 생존에 꼭 필요한 최소한의 단백질을 공급해준다. 그렇기에 사냥을 싸잡아 비난할 수는 없다. 그러나 도시화와 늘어나는 소득으로 인해 숲에서 구하던 고기들이 도시의 시장에까지 왔다. 도시인들은 긴꼬리원숭이, 천산갑, 코뿔새, 큰박쥐류, 거북이, 심지어 코끼리와 대형 유인원도 구입할 수 있다. 하지만 인간이 이런 동물들을 정말 먹어야만 할까? 뿔 때문에 코뿔소를 사냥해야 할까? 그런데 남아프리카에서 코뿔소 보호조치가 큰 성공을 거두기는 했다. 대략 1930년대까지 흰코뿔소는 고작 수십 마리만 남아 있었다. 그리하여 이 남은 동물들을 위해 보호구역이 정해졌으며, 바로 오늘날 남아프리카의 룰루위임폴로지(hluhluwe-imfolozi) 공원이다. 개체수를 뒷받침하기 위해 남아프리카의 자연보호가 이언 플레이어(Ian Player)는 1960년대에 "코뿔소 작전"[29]을 시작했다. 대성공이었다. 흰코뿔소는 룰루위임폴로지 공원에서 더 넓은 보호구역으로 옮겨졌다. 그리하여 그 개체수는 2005년까지 1만 3000마리 이상으로 늘어났다.[30] 그런데 동남아시아에서 뿔이 정력에 좋다며 그 수요가 늘어나자 밀렵이 증가했고 개체수도 다시 줄어들었다. 이어 또다시 보호조치가 취해졌다. 그러니 수십 년 전부터 개체수는 늘었다가 줄었다가를 반복하고 있다. 마침내 코뿔소 수가 다시 크게 증가했는데, 아마도 코로나19 때문인 듯하다. 관광객이 줄어들자 수입도 줄어들었다. 그래서 야생동물 밀렵으로 얻는 상당한 수입이 매력적인 대안으로 등장했다.[31] 코뿔소 보호를 위한 온갖 시도에도 불구하고 이 동물은 멸종 위기에 처해 있다. 500만 년 전부터 살던 종인데 말이다. 코끼리도 비슷한데, 사람들이 코끼리의 상아, 이른바 '하얀 금'을 좋아하기 때문이다. 상아 거래는 수년 전부터 금지되었고 멸종 위기종 보호를 위한 워싱턴협약에 따라 불법화되었는데도 상아를 쫓는, 그러니까 코끼리를 쫓는 사냥은 계속되고 있다.

열대지방의 조류와 포유류 감소를 조사하고 이를 사냥이 없던 지역과 비교한 최초의 연구 결과는 깜짝 놀랄 정도였다. 새는 평균 58퍼센트 감소했는데, 평균 83퍼센트 감소한 포유류에 비하면 피해가 적었다고 할 수 있다. 해당 지역은 사냥꾼이 접근 가능한 지점(도로나 주거지)에서 반경 40킬로미터 구역이었다.[32] 또한 이런 지역에서의 사냥 압력은 동물 고기를 거래하는 큰 도시로 쉽게 갈 수 있는 지역에 비해 더 강력하다. 그러므로 한 가지 결론이 내려진다. 열대우림에 건설한 모든 도로와 함께 사냥 활동이 늘어난다는 것. 조류와 포유류가 풍부한 외딴 지역은 점차 지나간 과거가 된다. 그리고 하나의 패턴이 있다. 덩치가 크고 강력한 동물들이 맨 먼저 사라지는데, 더 큰 수익을 가져다주는 노획물이기 때문이다. 이와 관련해 과학자들은 언뜻 보면 건강해 보이지만 덩치 큰 야생동물이 사라져버린 "텅 빈 숲"에 대해 이야기한다.[33] 이런 덩치 큰 동물들은 복잡한 생태계의 상호작용에서 씨앗 퍼뜨리기, 수분, 사체 처리 같은 중요한 작용을 하는 까닭에, 숲을 마구 파괴한다면 그 결과는 결코 단순하지 않을 것이다.

하지만 기어다니거나 굼틀거리는 종들만이 아니라, 덤불·풀·나무도 남용되고 있다. 티크나 마호가니 같은 열대지방 목재는 너무나 유명한데 적어도 세계 몇몇 곳에서는 이미 심각하게 줄어들고 있다.[34] 잔인한 벌목이 기후와 생물다양성에 해를 입힌다는 사실은 분명하다. 이와 반대로 선별적 벌목은 나무의 보호와 이용을 조화롭게 만들 수 있는데, 이는 해당 지역 주민들의 수입과 연관되기 때문이다. 만일 개별 나무들을 골라서 벌목한다면, 이는 극단적인 벌목으로 숲을 벌거숭이로 만드는 것보다 많은 동식물을 보호할 수 있다. 그런데도 사람들이 나무들에게 더 자랄 수 있는 시간을 주지 않는다면, 개별 나무 종들을 멸종으로 이끌 수 있다. 그러한 예로는 마다가스카르의 자단나무와 흑단나무, 중부와 남부 아메리카의 매끈한 잎의 마호가니 종들이 있다.[35]

이처럼 자연자원을 직접적으로 약탈하는 행위는 이제 지속가능한 사용 수준을 훌쩍 넘어버렸다. 600조 톤이라는 상상도 할 수 없는 자원이 매년 자연에서 사라지는데, 이는 40여 년 전에 비해 두 배나 많은 수치다.[36] 현재 추세가 이어진다면, 곧 숲의 황폐화와 맞물려 동물과 식물의 다양성이 크게 줄어들 것이다. 잠정 결론에 따르면 대략 77년 후에는 더 이상 우림이 존재하지 않을 것이라고 한다.[37] 바다는 이미 21세기 중반이면 텅텅 빌 전망이다. 그런 계산과 예측은 과학적 논쟁의 대상이다.[38] 그러나 70년 전만 해도 모든 것이 풍부했는데 그런 시나리오를 고려해야 한다는 사실 자체가 대단히 우려스러운 상황임을 말해준다.

기후 위기, 미래에 중요해질 요소

빅5 가운데 1위와 2위—토지 이용 변경과 생물 종의 과도한 이용—다음으로 격차가 좀 벌어지는 가운데 기후변화가 등장한다. 기후변화가 생물다양성에 미치는 영향은 제한적이지만, 앞으로는 중요한 역할을 할 것이다. 기후변화는 현재 우리가 지각할 수 있을 정도다. 즉, 아르강 계곡의 홍수, 지난 몇 년간 지속된 끔찍한 여름 더위, 거기에 흉작과 죽어가는 숲도 있다. 하지만 남쪽 지역에서 일어난 수많은 가뭄과 홍수도 언급해야 하는데, 2022년 인도를 덮친 폭염과 파키스탄에서 발생한 끔찍한 홍수가 있다. 정부간기후변화위원회(IPCC)에 따르면, 극단적인 기후 현상들이 횟수와 강도, 지속성 면에서 분명하게 증가하고 있다.[39] 우리가 오늘날 보고 있는 것은 이제 시작에 불과하다는 의미다.

이는 생물다양성에 미치는 영향에도 적용할 수 있는데, 그 영향은 미래에 가서야 비로소 제대로 보일 것이다. 일반적으로 말해, 기후변화는 생물 종들이 서식지를 옮겨야 하는 결과를 초래할 수 있다. 자신들이 선호하던 기후 조건을 따라 옮겨가야 하는데, 예를 들어 북쪽이나 더 높은 들판과 산으로 이동해야 한다. 그 같은 이동은 이미 대대적으로 일어나고 있다.[40] 이와 동시에 지역마다 볼 수 있는 종들의 공동체도 변한다. 즉, 원래 지중해처럼 좀더 따뜻한 남쪽에 살던 종들이 독일로 이주하거나 번식을 하고 있다. 반면 서늘한 곳을 좋아해 주로 북쪽인 스칸디나비아에서 살던 종들은 독일에서 더 희귀해지고 일부 지역에서는 사라지기도 한다.[41] 예를 들어 보덴호수에서는 기후변화의 승자가 노란발갈매기, 바위멧새, 촉새, 노래하는휘파람새(*Hippolais polyglotta*), 붉은왜가리인데, 원래는 지중해 지역에서 흔히 보이던 새들이다. 기후변화의 패자는 버들솔새와 황달휘파람새(*Hippolais icterina*), 꺅도요와 흑꼬리도요가 있으며, 이들 종은 북유럽에서 사는 것을 더 좋아한다.[42] 오늘날 이미 멀리 북쪽이나 산에 살고 있는 종들이 위험한데, 이들은 다른 곳으로 이동할 가능성이 없는 까닭이다. 북극곰의 운명이 상징적인데, 북극지방에서 녹아내리는 얼음으로 인해 서식지가 대폭 줄어들고 있기 때문이다. 생물다양성과학기구(IPBES)에 따르면, 수많은 생물 종은 "어느 정도 퍼져나갈 수 있으며, 적절한 기후 조건을 발견하고 진화상 적응할 수 있는 능력을 제대로 유지하는지에 따라 앞으로의 존속 여부가 달려 있다."[43] 그러나 이 생물 종들이 인간에 의해 많이 사용된 북쪽 지역으로 어떻게 널리 퍼져나간단 말인가? 결국 그들 중 다수는 하나의 자연보호구역에서 또 다른 자연보호구역으로 "건너가야" 한다. 새들처럼 잘 퍼져나가는 종들에게도 이는 모두가 해낼 수 있는 도전이 아니다.[44]

게다가 서식지는 해수면 상승으로 계속 바뀌고 있다. 수위는 매우 느리게, 거의 슬로모션으로 상승하기 때문에 감지하기 어렵다. 산업화가 시작된 이후 지금까지 평균 약 20센티미터 상승했으며, 현재 매년 3밀리미터 조금 넘게 상승하고 있다.[45, 46] 그 원인은 기온 상승으로 인해 빙하가 녹고 빙상이 줄어(예를 들어 그린란드) 물의 양이 증가한 때문이다. 수십억 명—대략적인 추산으로는 세계 인구의 3분의 1—이 해안 지역에서 살고 있고[47] 해수면 상승으로 인해 자신들의 존재도 위협받을 수 있다는 사실을 간과하더라도, 이를 통해 당연히 동물과 식물에는 변화가 생기게 된다. 어떤 변화가 어떻게 일어날지는 현재 정교하게 예측할 수 없다. 이런 발전의 대부분은 미래에 일어나기에 예측은 상당히 불확실할 수 있다. 즉, 앞으로 해수면이 어느 정도 상승할지에 대한 예측은 일정하지 않아서 35센티미터~1.8미터라고 하거나 21세기 말에는 더 많이 상승할 것이라고도 한다. 그러니까 지구온난화 징도에 따라서 그렇다. 또한 우리가 얼마나 빨리 화석연료 시대와 기후 훼손 행동을 그만두느냐에 따라서 달라진다.[48, 49, 50] 해수면 상승이 생물다양성에도 모종의 결과를 가져오리라는 점은 받아들일 수 있다. 하나의 사례가 이미 기록돼 있다. 즉, 오스트레일리아에서 살았던 브램블케이모자이크꼬리쥐다. 이 쥐는 2009년에 마지막으로 발견되었고 2016년에 멸종되었다고 발표되었다. 기후변화로 인해 최초로 멸종한 포유류로 여겨진다.[51] 이 종은 오스트레일리아 앞바다에 있는 그레이트배리어리프(Great Barrier Reef)라는 작고 외딴 산호섬에서 살았다. 이 작은 섬은 바다에서 제일 높이 솟아 있을 때 해수면이 대략 3미터였다. 물론 지난 수년 동안 해수면이 계속 상승했고 과거보다 더 자주 홍수가 났으며, 이 섬의 토착 설치류가 살 수 있는 서식지가 거의 사라져버렸다. 그리하여 이 쥐는 멸종했다.

다른 곳으로 떠밀리거나 사라져버린 서식지 외에 기온 상승 자체도 위험할 수 있는데, 식물과 동물은 상승하는 온도와 가뭄에 제대로 대처하지 못하기 때문이다. 특히 해수 온난화로 인해 산호층이 심각한 위기에 있다. 산호는 해초와 공생관계인데, 해초는 산호층에 화려한 색깔을 입혀주고 무엇보다 포도당을 공급해준다. 그런데 장기간 열기가 가해지면 이 시스템이 균형을 잃는다. 해초는 더 많은 영양분이 필요해지며, 그리하여 공생관계에 있는 파트너와 영양분을 나누는 일을 중단하고 만다. 결국 산호층은 파트너인 해초를 밀어내버린다.[52] 이로 인해 산호층에는 하얗게 죽어가는 현상인 산호 백화가 일어난다. 그처럼 스트레스를 주는 국면이 단기적이고 드문 경우 산호층은 다시 살아날 수 있다. 그러나 더운 기간이 잦아지면 이렇듯 회복할 시간이 없어진다. 그레이트배리어리프에서 처음 그런 현상이 나타난 것은 1998년이었다. 이때 이후 모든 산호층 가운데 족히 80퍼센트가 적어도 한 번은 심각한 백화 현상을 겪어야 했다.[53] 수온이 2도 상승하면 산호의 99퍼센트가 사라질 수 있다는 예측도 있다.[54] 현재로서는 지표면 온도가 2도 이상 오를 것으로 예상되기 때문에, 산호층의 미래는 더 나빠질 듯하다. 그 결과 우리는 보고 있으면 숨이 막힐 정도로 아름다운 해저 풍경을 잃을 것이고, 또한 본질적이고 주요한 바다의 생물다양성도 상실할 것이다. 이는 마치 지상에 있는 모든 우림이 한꺼번에 사라지는 것과 비슷하다. 이렇게 되면 우리 인간을 포함하여 모두가 직접적인 영향을 받을 수밖에 없다. 즉, 울타리처럼 보호 작용을 해주던 암초가 사라지면, 해안가에 사는 수백만 명의 식량과 생활기반도 사라지게 된다. 이는 증가하는 세계 인구를 고려할 때 감당할 수 없는 상실이다.

여기에 더해지는 것은 이산화탄소 농도 증가다. 오스트레일리아에 사는 코알라가 바로 이로 인해 위협을 받고 있다. 왜냐하면 코알라는 거의 유칼립투스 잎사귀만 먹기 때문이다. 늘어나는 이산화탄소로 인해 이 잎들의 영양가도 낮아져 솜털로 덮인 이 유대류는 곧 영양실조에 걸려 고생할 것이다.[55] 또 다른 측면에서도 코알라를 위협하는 게 있다. 기후변화로 인해 눈에 띄게 증가한 산불이다. 2019/2020년에 발생했던 오스트레일리아 산불은 특히 엄청났는데,[56] 사람들은 이 시기를 검은 여름(black summer)이라고 부른다. 이 산불로 말미암아 수백만 마리의 포유류, 새들, 개구리와 양서류가 희생을 당했다. 6만 마리의 코알라도 해를 입은 것으로 추산된다. 그러니까 죽거나 다치고, 굶주림으로 고통당하거나 서식지를 잃었다.[57] 세계자연기금(WWF)은 이제 야생 코알라가 겨우 50만 마리 남았을 것으로 본다. 오스트레일리아코알라재단은 코알라 수가 더 줄어들까봐 우려한다. 이 재단은 6만마리만 남을지도 모른다고 보고 있다. 2016년 코알라는 가장 멸종 위험이 높은 종의 적색 목록에 올랐다.[58, 59]

지금까지의 지구 온난화만 해도 생물다양성이 사라지고 생태계가 훼손되거나 변화할 상당한 위험을 내포하고 있다고 한다.[60] 그런데 지구 온도가 조금만 더 올라가도 이 위험은 "지극히 확실하게" 더 커질 것이다. 현재 그럴 가능성은 없지만, 결국 1.5도 상승에 그친다면, 육지에서 조사한 모든 종 가운데 3~14퍼센트가 위험에 처할 수 있다. 기후 보호 문제에서 우리가 현재 빠른 전환을 이루지 못한 채 만일 3도가 오른다면,[61] 지상에 사는 모든 종 가운데 거의 30퍼센트까지 위험에 처한다. 그리고 만일 지표면 온도가 4도 오른다면 거의 40퍼센트가 위험에 처한다. 그렇게 되면 세상이 완전히 달라질 것이라는 점은 굳이 예언자가 아니라도 알 수 있다. 이 진단에 따르면 바다에서의 손실은 약간 적을 수 있지만, 그곳 개체수도 변할 것이다. 따라서 기후변화는 자연에 흔적을 남길 수밖에 없다. 물론 가장 깊숙히 파인 흔적은 미래에 가봐야 볼 수 있다.

환경오염

생물다양성 훼손의 네 번째 주요 원인으로 환경오염을 들 수 있는데, 플라스틱 쓰레기는 앞서 언급했다. 이 사안은 현재에도 잘 드러나 있다. 환경오염은 열대우림에서 일어나는 벌목이나 바다에서의 과잉 어획보다 훨씬 더 직접적이고, 더 잘 느끼고, 더 잘 볼 수 있기 때문이다. 이 주제는 이미 오래전부터 사회 및 정치 어젠다에 올라와 있는데, 특히 독일이 그렇다. 독일에서는 이미 1970년대부터 죽어가는 숲, 대기 오염, 불법 쓰레기장, 그리고 원자력에 대해 고민해왔다. 유럽에서 가장 큰 강인 라인강의 깨끗함을 기록으로 남기고자 했던 전 환경부 장관 클라우스 퇴퍼(Klaus Töpfer)가 라인강 보호에 나선 일이 유명한데, 이는 독일에서 수년 동안 자라났던 환경 의식을 분명하게 볼 수 있는 지표다. 물론 그렇다고 해서 모든 환경 파괴가 없어지진 않았다. 환경 파괴의 도화선은 무엇보다 1986년에 일어난 산도즈(Sandoz)사의 환경 재난이었다. 스위스 바젤에 있는 산도즈 화학공장에서 화재가 난 뒤에 화학물질이 가득 담긴 방화수가 강에 흘러들어 갔고 강에 살던 모든 물고기가 이를 흡입했으며, 그리하여 셀 수 없이 많은 물고기가, 작아서 눈에 띄지 않는 종들까지 죽고 말았다. 그 여파로 수십 년에 걸쳐 라인강에 인접한 모든 국가가 가이드라인과 의무조항을 정하는 협정을 만들었으며, 시간이 흐르면서 효과가 나타났다. 그러자 다시 연어들이 라인강에서 헤엄치고 있다. 그리고 독일환경자연보호연맹(BUND)이 확인해주듯 강은 전반적으로 더 깨끗해졌다. "라인강의 화학물질 상태는 실제로 예전보다 훨씬 더 안전해졌다." 물론 버려진 약품이나 자외선 차단제 성분처럼 분해하기 힘든 성분의 농도가 여전히 너무 높기는 하다.[62]

라인강의 경우처럼 부정적인 환경 영향들이 개별적으로는 매우 심각해 보일 수 있지만, 이는 대부분 '단지' 특정 지역에서만 나타난다. 여기서 더 나아가면, 1989년 알래스카 연안에서 일어난 유조선 '엑슨 발데즈'호 원유 유출 사고나 2010년 멕시코만에서 일어난 시추선 '딥워터호라이즌'호 폭발 사고가 있다. 이런 사고들은 의심할 나위 없이 재앙적 결과를 초래하는데, 어마어마하게 넓은 구역을 기름으로 더럽히고, 바다에 사는 수십만 마리의 동물을 죽이며, 전체 해안 지역을 수십 년에 걸쳐 독극물로 오염시킨다. 그러나 이런 사건들은 일회적이다. 우리가 알아차리지 못하게 장기적이고 넓은 면적에 걸쳐 부정적 결과를 가져오는 과정이 오히려 더 심각하다. 이런 과정들은 음흉한 측면이 있는데, 우리가 그 결과를 예상하지도 못하고 오랫동안 알아차리지도 못하는 까닭이다. 농업에서 사용하는 과잉 비료가 이에 속하며, 특히 질소와 인을 함유한 비료들이다. 이 두 가지 물질은 더 많은 수확을 목표로 하고 토지의 헥타르당 생산성을 높이기 위해 투입된다. 우선 이를 근본적으로 반대할 수는 없다. 늘어나는 세계 인구에게 식량을 공급하려면 효율적인 농업이 필요하다. 그러나 오늘날에는 잘못된 기술을 동원하거나 계절에 맞지 않게 비료를 쓰는 경우가 너무나 많다. 이로 인해 질소와 인이 증가하고 지하수, 호수와 강, 마지막으로 바다에까지 흘러들어가 그곳에서도 토지에서처럼 생물다양성에 해를 입힌다.[63]

또한 암모니아처럼 질소 농도가 높으면서 공기 중에서 반응하는 물질도 해롭다. 이를 통해 그 영양소가 멀리 떨어져 있는 지역과 자연 보호구역까지 운반될 수 있는 탓이다.[64] 심지어 그린란드에서도 높은 수치의 질소가 측정된다. 최근 중국의 연구에 따르면 1980~2010년 암모니아 배출은 거의 80퍼센트 증가했다.[65] 집약적 농업이 환경을 해치고 건강에 해로운 질소를 과도하게 배출했다고 연구소는 보고한다. "전 세계에 질소로 부담을 주는 양의 4분의 3을 농업이 차지한다." 여기서 말하는 것은 무엇보다 경작과 축산이다. 농업 중에서도 세 가지 곡식, 밀·옥수수·쌀이 주원인이고, 네 가지 유용한 동물인 소·닭·염소·돼지 사육이 과도한 질소 배출에 가장 큰 영향을 미친다. 연구자들은 가축 사육을 줄이고 농업 방식을 바꿈으로써 질소 배출을 줄일 수 있다고 지적한다. 그러면 공기 순환이 이루어지고 암모니아 생성이 줄어들기 때문이다.

과도하게 높은 영양소는 공동체의 삶을 바꿔버린다. 이런 현상은 질소를 좋아하는 종들을 밀어주고, 다른 종들을 밀어내게 만든다. 질소 과잉 서식지에서는 그전에 비해 더 적은 종들만 살아남는다. 이는 영양분이 부족하기 마련인 습지에서 쉽게 관찰할 수 있다.[66] 그런 곳에서는 적은 영양분으로 잘 살아남을 수 있는 종들만 남게 된다는 의미다. 이런 종들은 흔히 특수한 생존 전략을 개발하기도 한다. 잎에 난 끈적끈적한 선모(腺毛)로 곤충을 잡아 서서히 분해해 소화시키는 끈끈이주걱처럼 말이다. 많은 비로 습지가 '원치 않게' 비료 성분을 흠뻑 흡수하면, 전형적인 습지 식물들이 밀려나버린다. 세상 어디나 있는 종들, 덤불과 나무마저 쓸어가버리고 이러한 환경에서 특별히 적응했던 식물들도 언젠가는 죽게 된다.

우리는 비슷한 현상을 다양한 종들이 꽃을 피우는 초원에서도 관찰할 수 있다. 의도적이든 아니든 공기를 통해 초원이 비료 성분을 접하면 다양성은 줄어든다. 그리하여 난초, 꼭두서닛과 식물, 샐비어 또는 오이풀은 사라지고, 이들 식물의 풍성함과 연계되어 있던 곤충들도 사라진다. 그 대신 잡초와 민들레, 애기미나리아재비를 어디서든 발견하게 된다. 그야말로 가장 끔찍한 경우를 상상한다면, 과도한 비료 성분은 특히 호수와 바다에서 조류(藻類)의 증식을 초래한다. 심지어 이 조류가 갑작기 어마어마하게 증식하는데, 사람들은 이를 두고 '조류 대발생' 또는 '조류 역병'이라 부르기도 한다. 지중해에서는 이런 일이 몇 년마다 나타나는데, 인접 국가들에게 심각한 골칫거리다. 이로 인해 관광산업만 피해를 입는 게 아니다. 조류는 언젠가 바닥으로 가라앉고, 그곳에서 미생물에 의해 분해된다. 이 과정에는 산소가 필요하다. 그 결과 산소가 부족한 '죽음의 지대'가 생겨난다. 유엔 보고서에 따르면 전 세계적으로 그런 곳의 수가 10년 만에 거의 700배나 늘었다.[67]

침입종—과소평가되는 문제

우리가 오늘날 전 세계에서 볼 수 있고 특히 신흥공업국과 개발도상국에서 체험할 수 있는 환경오염은 자연과 그 자연에서 사는 다양한 생물에게 분명히 부정적인 영향을 준다. 이는 대부분의 사람이 어느 정도 알고 있다. 그러나 외래종들은—덜 드러나지만—항상 큰 문제를 안겨준다. 이들 종은 새로운 서식지로 일종의 습격을 해와 이곳에 큰 해를 입힐 수 있다. 그래서 이런 종을 침입종이라 부른다. 침입종에 속하는 모든 외래종이 이렇게 피해만 주는 건 아니다. '새 주민과 토착 주민'이 그야말로 평화롭게 공존하거나 심지어 서로를 멋지게 보완하는 경우도 많다. 그렇듯 원래 미국에서 자라지 않았던 밀과 쌀처럼 많은 식용식물은 오래전부터 미국에서 아무런 문제 없이 재배되고 있다. 거꾸로 에스파냐 정복자들은 감자·토마토·파프리카·옥수수 같은 식물들을 신대륙에서 유럽으로 가져왔으며, 오늘날 유럽인의 식단은 이런 재료들을 빼놓고 생각할 수 없다.

하지만 평화로운 관계가 이루어지지 않을 때도 흔한데, 침입종이 토착종에게 '공격'을 가할 수 있다. 외래종은 우연히 들어오는 경우가 많으며, 흔히 여행자나 운송 수단을 통해서다. 예를 들어 얼룩말무늬홍합(zebra mussel)[68]은 원래 우크라이나와 러시아의 강에서만 볼 수 있었지만, 대부분 선박 아래 붙어서 의도치 않게 세계 각지로 퍼졌다. 오늘날에는 북아메리카·영국·아일랜드·스웨덴과 다른 몇몇 국가에서도 이 홍합을 볼 수 있다. 그런 곳에서 이 얼룩말무늬홍합은 커다란 생태학적·경제적 손해를 입힌다. 왜냐하면 뿌리와 같은 단백질 실을 가진 이 홍합은 돌, 항구, 보트와 수도관에 단단히 매달릴 수 있기 때문이다. 또한 토착종 홍합에 들러붙어 움직이지 못하게 하여 먹거나 증식하는 것을 방해함으로써 토착종들을 압박한다. 그 밖에도 이 얼룩말무늬홍합은 어마어마한 양의 플랑크톤을 물에서 걸러냄으로써 다른 생명체들이 살 수 없게 만든다. 미국의 몇몇 주에서는 그 피해가 너무 심각해, 공공기관들이 시민들에게 얼룩말무늬홍합이 있으면 빨리 제거해달라고 호소한다.

또 다른 사례로 아시아산 비단구렁이(python)[69]를 들 수 있는데, 미국 플로리다주 에버글레이즈 국립공원에서 일부러 들인 종이었다. 이 비단구렁이는 그 지역의 포유류들이 심각하게 줄어든 주원인으로 여겨진다. 이 비단구렁이 색깔은 새로운 환경에 잘 어울려서, 희생당하는 동물들 눈에 잘 띄지 않을 뿐 아니라 국립공원 관리자들에게도 쉽게 발견되지 않는다. 공원 관리자들이 수년 전부터 비단구렁이를 붙잡아 다른 곳으로 이주시키거나 제거하려고 노력한다지만, 확실한 성공을 거두지 못하고 있다. 단순히 이국적인 동물이라고 해서 데려오는 행위는 매우 위험하다. 결과를 전혀 예상할 수 없기 때문이고, 따라서 이를 중지해야 한다. 플로리다주 국립공원에서는 이국적인 동물을 더 이상 풀어놓지 못하게 당장 경고해야 한다.

또한 황열과 뎅기열, 지카 바이러스 및 다른 바이러스 질환을 옮길 수 있는 아시아 흰줄숲모기는 오늘날 이미 전 세계로 퍼져나갔다. 이제 이 모기들은 지중해 지역에서 자주 볼 수 있다. 독일에서는 고속도로 A5를 따라 들어선 주차장과 프라이부르크 소공원에서 개별적으로 발견되었다.[70] 모기들은 원래 아시아 남부와 동남부의 열대 및 아열대 지방에서 서식했지만, 예를 들어 알을 낳을 수 있는 자동차 바퀴 같은 곳을 통해 지구의 다른 곳으로 옮겨갔다. 그 밖에 다른 예로 가재 페스트가 있는데, 가재가 이 균류에 감염되면 대부분 죽게 된다. 병원체는 미국 강에서 사는 가재를 통해 유럽에 유입됐지만,[71] 미국 가재는 병원체를 옮기기만 할 뿐 직접 병에 걸리지는 않는다. 이와 달리 유럽에 살던 가재는 대부분 이 병원체로 인해 서서히 죽음을 맞이한다. 유럽 가재는 감염되면 도망가지도 못하고, 자신의 다리로 눈과 사지를 긁고 부분적으로 마비가 된다. 그리고 언젠가 사지가 떨어진 뒤에 쓰러져 죽는다. 눈과 집게발 관절에서 하얀 백태가 보이면 그것이 바로 균이다. 토착종 가운데 국제자연보전연맹(IUCN)이 '취약'종으로 분류했던 귀족가재(noble crayfish)가 이 병에 걸렸다.[72] 독일에서는 멸종 위기에 있는 돌가재(stone crayfish)가 상당히 위험한 상태이고, 대서양민물가재(atlantic stream crayfish)도 마찬가지다.

사람과 재화를 꾸준히 전 세계로 내보내는 세계화로 인해 이렇듯 위험한 '무임 승객'은 과거보다 훨씬 쉬운 게임을 한다. 이것은 종 다양성이 격감하는 원인들 가운데 5위를 차지하게 되었다. 생물다양성 과학기구의 보고에 따르면, 1980년대 이후 외래종은 대략 40퍼센트 증가했다.[73] 다음과 같은 내용도 있다. "침입종의 유입 비율은 과거 그 어느 때보다 높아 보이고 줄어들 징후가 전혀 보이지 않는다."

그렇기에 우리는 너무나 손쉽게―휴가 갔다가 가져오는 식으로―동물과 식물을 다른 지역으로 옮겨서는 안 된다. 또한 예방이 필요한데, 이렇게 하면 경제적으로도 이익이 된다. 젠켄베르크 연구소의 연구원들은 침입종에 의한 훼손으로 말미암아 들어가는 비용이 의도치 않은 이주를 차단하는 데 드는 비용보다 최소 10배는 더 들어간다고 말한다. "기후변화처럼 침입종은 생물다양성에 엄청난 위협이 된다. 침입종은 특히 서식지를 바꾸고 토착 동물들에게서 먹이와 자원을 앗아간다. 아울러 생태계마저 훼손하기에 침입종은 너무 비싸다."[74] 즉, 너무 많은 비용을 유발한다는 뜻이다.

더 많은 사람이 더 많이 필요로 한다

멸종의 주요 원인들은 그 밖의—더 심층적인—요소들을 통해 더욱 강화되는데, 이런 요소로는 특히 인구 증가와 높은 복지 수준을 꼽을 수 있다. 앞서 1장에서 언급했듯이, 기원 원년에는 지구에 대략 2억 3000만 명이 살고 있었다. 그러다 최초로 10억 명이 된 것은 1820년 이었고 이때부터 가파르게 상승하기만 한다. 80억 명이라는 한계는 2022년 가을에 무너졌고, 21세기 중반에는 97억 명에 이를 것이라고 한다.[75] 지난 60년 동안에만 세계 인구는 30억 명에서 80억 명으로 늘어났다. 인구가 늘어난 만큼 더 많은 음식, 더 많은 물, 더 많은 재화가 필요해진다. 그들은 옷을 입고, 집을 갖고, 겨울에 난방도 하고자 한다. 특히 오늘날까지 생활필수품조차 가져보지 못한 인류가 많고, 글로벌 사우스 국가들에서는 이를 보충하려는 수요가 어마어마하다. 전 세계 생활수준은 계속 올라갈 것이며, 분명 가난과 굶주림을 줄이려는 노력도 증가할 것이다. 이는 연대의식과 정의의 문제이며, 또한 갈등 예방의 문제이기도 하다.

우리가 지금까지 해왔던 패턴을 계속 이어간다면, 더 많은 번영은 항상 더 많은 자연자원 소비를 동반할 것이다. 만일 모든 사람이 중국인 수준으로 살고자 하면, 현재 상황(2022년)에서는 2.4개의 지구가 필요하다. 독일인 수준으로 살고자 한다면 3개의 지구가 필요하고, 미국인 수준으로 살고자 하면 심지어 5.1개의 지구가 필요하다. 중국과 독일, 그리고 특히 미국에 사는 주민들은 자신들이 필요한 것보다 훨씬 더 많은 것을 가져간다. 이 수치는 바로 그들이 누리는 번영의

거울이자 이와 연관된 생태발자국의 거울이다. 전 세계적으로 이 수치는 1.8이 나온다.[76] 이는 우리가 그만큼 지구를 남용하고 있다는 뜻이며, 식량과 의복, 또는 에너지와 쓰레기 처리에 대한 우리의 수요를 말해주는 요소이기도 한다.[77] 돈에 관한 문제라면, 우리는 물질을 소모하고 있다는 사실이 분명해진다. 즉, 우리는 이자로 살아가는 게 아니라, 우리의 자산을 소비하고 있다. 자연의 경우 우리는 이처럼 근시안적이고 무책임한 태도를 단순하게 받아들인다. 그러나 여기에 그치지 않는다. 풍요로운 글로벌 노스에 사는 우리는 글로벌 사우스의 자연 가운데 많은 부분을 함께 소비한다. 모든 사람, 모든 나라가 결코 우리처럼 살 수는 없다. 자연이라는 자원을 다 써버리는 행동은 속도를 더욱 높일 것이고, 일이 계속 그렇게 돌아갈 수는 없다.

기술 발전으로 충분하지 않다

이론적으로는 우리가 사용하는 자연의 재화와 서비스를 기술 진보를 통해 더욱 효율적으로 투입할 수 있고 그로써 환경에 대한 압박을 줄일 수도 있다. 물론 독일의 경우, 우리는 지금까지와 비교할 때 자연자원을 세 배는 더 효율적으로 이용해야 한다. 특히 이른바 '반동 효과(rebound effect)'가 나타날 수 있다. 즉, 오늘날 자동차는 과거에 비해 기름을 적게 사용하지만, 사람들은 더 큰 자동차를 구매하고 더 많이 돌아다닌다. 게다가 독일 인구는 최근 몇 년을 돌아보면 변하지 않았거나 심지어 약간 줄었지만, 1인당 주거 면적은 더 커졌다. 재화와 서비스를 줄일 수 있는 가능성은 생활수준이 지속적으로 상승함으로써 잠식되고 말았다. 지금까지 독일에서는 물론 산업국가들이 그러했다.

결론적으로 인간과 자연의 지속가능한 관계를 유지하기 위해 우리가 초점을 맞춰야 할 네 가지 요소가 있다. 즉, 세계 인구, 1인당 자연자원 소비, 기술 진보, 그리고 자연의 재생능력이다. 첫 번째로, 어디에서든 인구 증가를 가능한 한 빨리 0으로 떨어뜨려야 한다. 특히 모두가 더 많은 풍요를 누리고자 한다면, 세계 인구는 줄어드는 것이 이상적이다. 유감스럽게도 글로벌 사우스의 수많은 여성에겐 피임 도구마저 없다. 그리하여 의도치 않은 임신이 거의 절반에 이른다.[78]

반면 독일에서는 이 문제가 그리 심각하게 인식되지 않는데, 인구가 늘지 않거나 매우 천천히 올라가고 있고 글로벌 사우스의 생태발자국을 인지하지 못하기 때문이다. 독일을 비롯한 일부 선진국에서는 오히려 줄어드는 신생아 수와 사회 노령화로 인해 사회 안전체계가 제대로 돌아가지 않을지도 모른다는 걱정을 더 하고 있다. 이것이 우리의 당면 과제라는 점은 부인할 수 없지만, 자연자원이 사라지고 있는 상황에서 베이비붐은 결코 해결책이 될 수 없다. 그러므로 우리는 다른 길을 가야 하는데, 필요 인력을 받아들이는 이민 정책, 퇴직 정년을 연장하고 노동 시간을 유연화하는 연금 모델을 도입해야 한다. 감소하는 출생률에도 잘 작동할 수 있는 규칙을 만들기 위해서 말이다. 얼마나 많은 사람이 지구상에 살고 있고, 어느 정도 인구까지 감당할 수 있느냐는 질문을 고려할 때 어떤 행동이 필요한지는 분명하다. 물론 아무리 좋은 의도로 실행하더라도 충분한 종 다양성과 자연 서식지를 확보할 수 있을 만큼 신속하게 성공을 거두지는 못할 것이다. 따라서 첫 번째 요소는 신속한 해결책으로는 탈락이다.

두 번째 요소로, 기술 진보의 의미는 의심할 바 없이 크다. 기후변화, 에너지 공급과 유동성에 있어서 정치와 경제는 현재 기술 혁신과 기술적 해결책에 관심을 기울이고 있다. 러시아 같은 국가들에서 해로운 화석연료 의존도를 줄이도록 하기 위해서다. 우리는 그 대신에 풍력기를 세우고, 시골이나 지붕 위에 태양열 집열판을 설치하며, 전기 에너지를 기계 에너지로 바꾸어 기계를 움직이게 하는 장치들을 천천히 돌려 에너지를 아끼고, 자동차 속도도 줄이며 그리고 언젠가는 그린 수소를 사용하는 시대를 열어야 할 것이다. 기술 진보는 의심할 바 없이 몇 가지 작용을 할 수 있으며, 특히 글로벌 사우스의 농업에서 그렇다. 하지만 기술 진보는 앞서 말한 반동 효과 때문에 단독으로 문제를 해결할 수 없다. 이는 신속한 성공을 보장하려면 두 가지 요소가 더 남아 있다는 의미다. 즉, 더 부유한 국가에서 살고 있는 우리가 1인당 더 적은 자원을 소비해야만 하며, 그래야 세계의 더 많은 사람들에게 자원이 돌아갈 수 있다. 또한 자연이 쉬면서 회복할 수 있게끔 더 많은 시간과 공간이 주어져야 한다.

모두를 위한 식량! 하지만 종의 소멸 없이
식량을 다루는 또 다른 방식

점점 더 많은 사람이 지구에 거주하면서 이제 인구는 80억 명이 되었다.[1] 모두에게 음식이 필요하다. 하지만 오늘날에도 굶주리는 사람이 수백만 명에 달한다. 더 정확하게 말하면, 10명 중 1명이 굶주리고 있으며,[2] 그 대부분이 글로벌 사우스 주민들이다. 그들의 수는 EU에 속하는 국민들보다 거의 두 배나 많다. 지난 20년 동안 국제기구들이 전 세계적으로 펼친 노력에도 불구하고 이런 상황은 변하지 않고 있다. 가난한 국가로 전달된 수많은 곡물 자루, 모든 기부 캠페인, 기아 퇴치를 위한 자선 콘서트에 유명인사들까지 나서 힘을 보탰으나 가난은 완화되었을지 몰라도 없앨 수는 없었다.[3] 늘어나는 세계 인구를 감안할 때 오히려 더 많은 사람이 매일 저녁 굶주린 배를 움켜잡고 잠들지 않는 것을 성과로 평가할 수 있다. 이는 물론 지독히 불쾌한 성공일 수 있는데, 원래는 지금까지 모두를 충분히 먹일 수 있었기 때문이다.

그런데도 음식으로 가득한 그릇이 식탁에 놓이지 않는 원인은 많다. 즉, 가난, 전쟁과 분쟁, 가뭄, 흉작, 그리고 기후변화와 형편없는 정부 시스템을 가장 중요한 원인으로 꼽을 수 있다.[4] 가뭄을 극복하자, 공급망을 빈틈없이 관리하게 되자, 새로운 재앙이 닥친다. 즉, 코로나 위기는 진 세계 경제를 붕괴시켜 식량 공급을 또다시 어렵게 만들었다.[5] 유엔 보고에 따르면 이 전염병을 통해 굶주리는 사람들 수가 분명하게 증가했다. 또한 우크라이나 전쟁은 얼마나 빨리 새로운 난관이 등장할 수 있는지를 보여준다. 항구를 폐쇄해 수출을 방해하기 때문에 중요한 곡식 재배 지역에 원래처럼 충분한 양의 종자를 가져갈 수도 없다. 어차피 농업은 자연을 힘들게 만드는 요인이다. 즉, 농업경제는 점점 더 넓은 공간을 필요로 하고, 어마어마한 양의 물을 소비하며, 토양을 지치게 만들고 무엇보다 북쪽에서는 엄청난 비료와 제초제로 수확을 더 늘리고 있다. 농업은 생물다양성에 그야말로 가장 큰 스트레스 요인임에 분명하다. 동시에 농업은 수분(受粉)에서부터 토양의 영양분, 물 공급까지 자연의 서비스에 의존한다. 여기에 민감한 상호작용이 있다.

풍족하고 건강한 영양 섭취와 종 보호 사이의 갈등은 이 같은 배경에서 해결하기 어려워 보인다. 적지 않은 수의 지혜로운 동시대인들조차 해결 가능성을 찾지 못하고 있다. 이들은 자연의 이용과 보호 사이에서 이성적으로 균형을 이룰 수 있다는 희망을 포기했다. 오히려 인류가 흔들거리며 퇴보하는 길을 가게 되리라고 말한다. 더 많이 생산해야 할 필연성과 지구가 원래 갖고 있던 한계 사이에서 갈등을 겪으면서 말이다. 그렇듯 그들은 도처에서 사회 연대와 정치 체제에 예상할 수 없는 결과를 가져올 경제적이고 사회적인 특성을 지닌 저주를 보고 있다. 그 같은 세상의 종말 시나리오는 교육을 많이 받고 세계를 걱정하는 사람들에게서 활발하게 볼 수 있다. 하지만 그런 시나리오는 무엇보다 도움이 되지 않고 또 필요도 없다. 밀을 무기로 악용하지 않는 한 갈등은 제어할 수 있기 때문이다. 그러기 위해서는 물론 농업에 근본적 변화가 필요한데, 여기 선진국들은 개발도상국들과 달라 보인다. 그렇듯 변화는 하찮은 일이 아니고, 문제 해결은 가능하다. 만일 우리가 몇 가지 결정적인 습관을 버릴 준비만 되어 있다면, 문제의 많은 부분을 비교적 간단히 해결할 수 있다.

농업은 생물다양성 파괴의 주범 중 하나다. 우선 농업은 생물 종이 풍부한 숲·사바나·초원을 대규모로 없애버리기 때문이다. 농업은 계속 팽창하며, 인류가 재화와 자원을 더 많이 필요로 하고 소비할수록, 그만큼 더 강력하게 훼손되지 않은 자연을 정복한다. 이제 농업은 한때 지상의 광대한 영역을 차지하던 숲보다 더 많은 면적을 차지하게 되었다. 즉, 오늘날 경작지와 목초지를 포함한 농경지가 대략 38퍼센트를 차지하고, 숲은 대략 29퍼센트를 차지한다.[6] 이처럼 인간이 자신의 목적을 위해 이용하는 땅 면적의 비율이 점점 더 커지고 있다. 이른바 농촌 경관의 등장이다. 하지만 이것이 다가 아니다. 자연 영역이 줄어들면서 식물 다양성도 사라지고 있다. 즉, 19세기 이후 농업이 점점 근대화되었고, 지난 70~80년간 그 속도는 더욱 빨라졌으며, 선별적 농업으로 변화했다. 오늘날에는 전 세계적으로 식량으로 이용하는 200종 이하의 작물이 중요한 역할을 한다. 전 세계 인구가 필요로 하는 식량 수요의 4분의 3을 공급하려면 열두 가지 식물과 다섯 가지 동물만으로 충분하다. 쌀·옥수수·밀만으로도 사람들은 식물에서 얻게 되는 칼로리와 단백질의 60퍼센트가량을 공급받는다.[7] 현대적 농업은 다양한 방식으로 생물다양성에 해를 입힌다.

남반구에서는 숲의 개간이 문제인 반면, 북반구에서는 집약적 농입 확대에 따른 손실이 있다. 예를 들어 독일에서는 생산성이 증가했지만, 종 다양성은 눈에 띄게 줄었다. 이러한 경향은 이미 오래전부터 관찰할 수 있었다. 과학자들은 수십 년 전부터 이러한 경향에 문제를 제기했으나, 대중의 관심을 끌지는 못했다. 독일에서 종 멸종이 실제적 위험으로 많은 대중에게 처음 알려지게 된 사건은 2017년 '크레펠트(Krefeld) 연구'였다. 이 연구는 노르트라인베스트팔렌, 라인란트팔츠, 브란덴부르크의 보호구역에서 날아다니는 곤충인 유시류(有翅類)를 장기간에 걸쳐 조사한 것이다. 여기서 깜짝 놀랄 결과가 나왔다. 즉, 27년 동안 이들 곤충의 바이오매스는 믿을 수 없을 정도인 76퍼센트나 줄어들었다.[8] 또 다른 연구도 비슷한 결과를 보여주었는데, 레겐스부르크의 보호구역에서 나비 종류는 1840년에 117종이었으나 2013년에는 71종으로 줄어들었다.[9] 또는 EU 소속 국가들의 농지에서 전형적으로 볼 수 있는 새들의 개체수가 1990년 이후 3분의 2까지 줄어들었다.[10] 많은 식물 종도 줄어들고 있는데, 무엇보다 곤충이 수분을 맡아주던 종들과 꽃에서 꿀이 나오는 종들이다. 독일의 경우 특히 야생화의 3분의 1이 위험에 처해 있으며,[11] 약초인 아르니카가 그런 사례다. 왜냐하면 야생에서 자라는 약초는 대부분 영양분이 적은 토양이 필요한데, 집약적 농업으로 그런 토양이 없어졌기 때문이다.

생물다양성을 희생시키고 얻는 높은 생산성

농업을 통해 종들이 사라지는 일반적인 원인은 쉽게 열거할 수 있다. 독일에서 농업은 높은 효율성과 생산성을 도모해왔다. 이제 독일에서는 농민 1명이 130명 이상에게 식량을 제공하는데, 1949년에는 그 비율이 1:10이었다.[12, 13] 이는 우리가 지난 수십 년 동안 이루어낸 자동화와 가속화 수준을 분명하게 보여준다. 전쟁 이후 사람들은 굶주림을 단번에 해결하기 위해 가능하면 많은 식량을 생산하고자 했다. 그리하여 잠재적으로라도 농사에 피해를 줄 수 있다고 생각되는 모든 생물을 막강한 무기로 퇴치시켰고 지금도 마찬가지다. 수확을 최대한으로 올리는 데 도움이 되지 않는 것은 사라져야만 했다. 잠재적 위해 요소도 제거했다. 이를 위해 제초제(원치 않는 식물을 죽임), 살균제(균류 퇴치), 살충제를 사용했다. 이런 화학물질이 자주 농지에 뿌려졌고 오늘날에도 그러하며, 예방 차원에서 뿌리는 일도 흔했다. 독일에서는 1970년대부터 거의 모든 경작지에 농약 같은 식물 병충해 방제 약품을 사용한다. 해충과 잡초를 퇴치하기 위한 생물학적 또는 기계적 방법이 이제 화학물질로 대체되었다.[14] 그뿐 아니라 오늘날에는 과거에 비해 더 강력한 살충제를 살포한다.[15, 16]

게다가 농지 면적이 더 넓어졌고 현대식 농기계가 규격화되어 사용이 수월해졌다. 독일에서는 1950년대부터 경지 정리를 시행했고 이로 인해 눈에 띄는 구조변화를 가져왔다. 과거에는 더 작고 다양하게 구성된 필지들이 있었지만, 이제는 필지를 균일하게 만들어 손쉽게 작업할 수 있다. 소규모 농장들이 사라지고 대규모 농장들이 이를 대신

했다. 그야말로 농업의 산업화가 일어난 셈인데, 이 과정에서 돌덩이들을 제거했고, 줄지어 선 나무들이나 산울타리, 잡목 숲도 마찬가지였다. 또한 농사를 짓지 않는 언저리 땅이나 작은 개울도 흔히 희생되곤 했다. 이 모든 것을 통해 농업 수확량을 최대한으로 신속히 끌어올렸고, 동시에 종 다양성은 줄었으며, 야생동물과 새들은 피신할 기회조차 잃었다. 표준화된 생산과정은 넓은 면적과 달라진 식물 보호를 동반했고, 이런 표준화된 생산과정은 소수의 재배 식물과 해마다 몇 안 되는 특정 농작물을 번갈아가며 재배하는 윤작에 집중했다. 그런 예가 옥수수, 유채씨, 밀이다.

그 밖에도 종자는 훨씬 깨끗해졌고, 초원에는 소와 양이 점점 줄었다. 대부분의 유용 동물은 오늘날 우리 안에 머물러 있으며, 목초지는 경작지로 탈바꿈했다. 목장은 사라지고, 양고기는 뉴질랜드에서 수입한다. 이 모든 변화의 결과로 꽃이 피는 식물 수가 줄어들고 있다. 초원에 동물 똥이 없으면 많은 곤충의 서식지가 사라지는 셈이다. 그리고 마침내 4장에서 언급했던 비료 사용이 하나의 문제로 등장한다. 간략히 말해서, 농업은 어떤 대가를 치르더라도 수확량과 생산성을 올리는 데 집중했다. 하지만 좋은 의도로 시작한 이 전략은 농업에 많은 변화를 가져왔다. 이런 변화는 종 다양성에 부정적 영향을 미치고 연쇄 변화를 일으킨다. 그래서 이를 흔히 농업의 전환점이라 말한다. 이 개념은 그리 듣기 좋지는 않으며 에너지 전환점이나 교통수단의 전환점을 강력하게 동반한다. 하지만 이는 요구사항을 제대로 포착한 반응이 아니다. 지금 실행되고 있는 일은 어쨌거나 지속적 해결책으로서는 쓸모가 없다. 우리는 여전히 더 많은 화학제품을 사용하고 더욱 효율성을 추구함으로써 자연의 성과를 줄여나갈 뿐이기 때문이다. 이렇게 되면 결국 완전히 정반대 결과가 나온다. 즉, 장기적으로는 지친 토양, 깨끗하지 않은 물과 부족한 수분(受粉)으로 인해 수확량이 줄어들 것이다. 그리고 기후변화로 인해 잦아지는 가뭄과 기온 상승을 감안할 때 식량 공급도 더욱 불확실해질 것이다. 모두를 위한 풍부한 식량 확보가 (우크라이나 전쟁 때문에 더욱) 우리 시대의 중요한 관심사 가운데 하나가 되었는데도 말이다.

해결책은 무엇일까? 우선 농업 자체에 있다. 너무나도 집중해서 '즐겁게' 일하는 농장들은 소수에 불과하다는 사실을 여기서 강조해야만 한다. 농장들은 외적 조건으로 인해 자신들의 땅에서 마지막 한 알까지 수확해야 한다는 압박을 받고 있다. 그러지 않으면 살아남을 수 없는 까닭이다. 많은 사람은 이미 농업을 포기했으며, 이와 동시에 개별 농장 면적은 커지고 있다. 21세기 들어 독일에서는 거의 20만 명의 농민이 농사를 그만두었다. 오늘날 농장 수는 대략 26만 개다. 그사이 절반쯤 줄어든 수치다.[17, 18] 농업협회는 높은 노동 강도, 경제적 압박, 소득 감소, 부족한 사회적 인정이 위험하게 혼합되어서 번아웃과 우울증에 빠지는 농민이 많다고 보고한다. 농민이 농사를 포기하게 만드는 두 번째 흔한 원인은 정신질환이다.[19, 20]

농촌 경관을 다채롭게

농촌 경관은 다시금 다채로워질 필요가 있다. 그러려면 생태농업이 더 많아져야 한다. 생태농업 구역에서 종 다양성은 평균 3분의 1 증가하며, 생태농업과 관습적 농업은 특히 경작에서 뚜렷한 차이가 있다.[21] 독일에서는 농경지의 10퍼센트가량이 생태적으로 경작되며,[22] EU 전체에서는 9퍼센트, 전 세계적으로는 대략 1.5퍼센트다.[23, 24] 독일 신호등 연립정부(Ampelregierung: 사회민주당(빨강), 자유민주당(노랑), 녹색당(초록)으로 이루어진 연정―옮긴이) 협정문에 따르면, 이 수치는 2030년까지 30퍼센트로 늘어나야 하며,[25] EU의 정책 '그린딜(Green Deal: 2050년까지 탄소 중립 달성을 목표로 하는 유럽연합의 정책―옮긴이)'의 '팜투포크 (Farm-to-Fork: 식품 생산부터 소비에 이르는 식량 사슬―옮긴이)' 전략에서는 최소한 25퍼센트까지 증가할 것으로 내다본다.[26] 다양한 생태농업 협회에는 여러 가지 엄격한 규칙이 있는데, 무엇보다 쉽게 용해되는 광물성 질소비료 포기와 기본적으로 정해진 면적에서만 키우는 가축 사육 포기가 핵심이다. 거름에서 나온 영양분을 농지에 제공하면 "식물들은 아무 문제 없이 이를 흡수한다."[27] 환경청에서 밝힌 내용이다. 앞의 두 가지를 포기하면 토양에 흘러들던 과도한 영양분이 줄어든다. 그러면 지표수와 지하수는 관습적 농업에서처럼 질산염 같은 성분으로 인해 심각하게 위협받지 않는다. 또한 화학적·인공적 농약을 포기할 때 생물다양성은 더 증가한다.

하지만 생태농업에만 한정해서는 안 된다. 즉, 관습적 농업에서 환경을 더 많이 배려했던 태도가 매우 유용하다. 가령 소·양·말을 우리 안에 가두지 않고 방목한다면, 이는 상당히 중요한 변화를 가져올 수 있다. 그렇게 하면 특히 심각하게 줄어들던 초원과 방목장에도 다시 꽃이 풍부해지며 생물다양성 역시 좋아질 것이다. 비료 사용을 줄이고, 식물 보호를 위한 살충제 사용도 줄이면서 그 대신 해충을 퇴치하기 위한 보다 자연적인 방법을 쓰면 된다. 예를 들어 과일나무를 다른 종류로 바꾸거나, 간작(間作)을 하거나, 거미나 새를 이용해 해충을 생태적으로 퇴치하는 방법이 있다. 이런 방법도 농업의 종 다양성에 도움이 될 수 있다. 비료를 덜 사용해도 되고 기후변화 여파로 강수량이 줄어도 잘 견디는 강인한 종들로 바꾸어 성공을 거둘 수 있다.

이는 새로운 종들을 재배하거나 사육해도 가능하고 또는 오랜 방식으로 돌아가더라도 가능하다. 이와 관련하여 적합한 본보기가 알프(Alb)콩이다.[28] 이 콩을 재배하면 여러 가지 장점이 있다. 이 콩에는 단백질과 미네랄이 풍부하다. 슈바벤알프스처럼 오랫동안 비교적 가난했던 지역에 살던 사람들은 고기를 사 먹을 만큼 형편이 좋지 않았고 그래서 콩의 단백질을 통해 균형 잡힌 식사를 했다. 이곳은 오랫동안 중요한 콩 재배지로 여겨졌다. 경제기적이 일어났던 시기인 1960년대에 슈바벤알프스에서 마지막 콩 재배 농가가 재배를 그만두었고, 이로써 오래전부터 내려왔던 토착 품종은 사라져버렸다. 적은 수확량에다 세척하는 데 많은 노동력이 들어간다는 점이 이 식용식물이 사라진 이유였다. 2000년 넘게 재배해왔는데도 말이다. 수십 년 뒤에 그곳 주민들은 자신들의 전통을 다시 떠올렸지만 오래된 품종은 이미 사라져버렸다. 그들은 상트페테르부르크 유전자은행에서 이 품종의 유전자를 끈질기게 찾아내 마침내 독일로 다시 가져왔다.[29] 작은 갈색 비닐에 담긴 100여 개의 씨앗이었다. 이제 60여 명의 농민이 생태농업 협회의 엄격한 지침에 따라 다시금 이 콩을 재배하고 있다. 이 콩 경작지는 다양성이 살아 있다. 경작지 사이사이에 귀리와 맥주

양조용 보리 같은 곡류뿐 아니라, 많은 곤충과 야생초, 아주 작은 생명체들이 살아간다.

울타리와 나무, 작은 밭들로 이루어진 풍경은 오히려 풍요로워 보인다. 이런 일이 어떻게 가능하고 어떤 실행 방법이 특히 적절한지는, 이를 과학적으로 뒷받침하는 환경재단 미하엘 오토(Michael Otto)와 독일농민협회의 F.R.A,N.Z.(미래가 있는 자원, 농업과 자연보호를 위하여) 프로젝트[30]가 잘 보여준다. 이 프로젝트는 관습적 농업에서 경제적이면서 동시에 지속가능한 조치를 실험한다. 또한 야생 동식물이 관리 과정에서 어떻게 적응하는지도 실험한다. 그리고 독일 전역에서 일련의 농장을 선발해 다양한 조치를 시험함으로써 생물다양성에 어떤 효과를 미치는지 조사한다. 예를 들어 곡류를 덜 촘촘하게 심거나 여름 곡물 사이에 클로버처럼 꽃이 피는 종을 파종하면 어떤 차이가 생기는지 시험하는 것이다. 지금까지의 통찰에 따르면 집약적으로 농사를 짓는 곳에서도 "생물다양성을 높일 수 있는 적절한 조치들이" 있다. 그렇듯 다년생 야생화들이 늘어선 곡물 경작지의 종 다양성은 그렇지 않은 곳보다 2~3배 더 높았다. 휴경지는 매년 이루어지진 않더라도 식물 다양성을 150퍼센트 올려주었다. 하지만 그런 조치들은 변화를 위한 지식과 의지 그리고—때때로 소소하더라도—적절한 인센티브가 필요하다.

새로운 기술 사용으로 개선이 이루어질 수도 있다. 현재 독일에서는 정밀농업(preicision farming)을 위해 작은 전용 로봇이 쓰이고 있으며, 이 로봇으로 씨를 뿌리고 쟁기질을 하며 수확을 한다. 이를 통해 생물다양성을 위한 긍정적 효과를 기대하고 있다.[31] 디지털 기술을 활용한 농작물 판매는 많은 가능성을 열어준다. 예를 들어 브란덴부르크의 생태마을 브로도빈(Brodowin)은 전 세계적으로 유기농 인증을 해주는 유기농 재배 협회 지침에 따른다. 이 생태마을은 생산품을 온라인 상점을 통해 지역에서 판매하며 베를린 전체에도 유통시킨다. 배송 과정에서 불필요한 일을 피하고자 이 생태마을은 '녹색 도시 물류 네트워크'[32]를 구축한다. 이 네트워크는 소프트웨어를 준비해 효율적으로 배송이 이루어질 수 있게 한다. 소프트웨어로 자전거 회사와 네트워크 파트너들을 서로 연결해주어서, 상품들은 유통 센터로 옮겨가 이곳에서부터 자전거로―디지털상으로 지원을 받고 이산화탄소도 전혀 배출하지 않는―고객들에게 배달된다. 이와 같이 디지털 기술을 통한 해결책 도입은 이제 시작 단계에 있으며, 재배에서는 물론 판매에서도 좋은 결과를 낼 수 있을 것이다.

EU의 농업정책

가능성들은 여럿 있지만, 가능성으로 내버려두지 말고 실제로 착수를 해야 한다. 그러려면 변화의 의지 외에 올바른 정치적 규범도 필요하다. 유럽에서는 우선 EU의 또 다른 정책이 필요하다. 1962년부터 추진한 공동 농업정책은 의심할 바 없이 달성되어서, EU 지역에는 충분한 식량이 있다. EU식 문체로 표현하자면 공동 농업정책은 "사회에서 농민들이 자신들에게 부여된 과제를 완수하는 데 필요한 전제조건"[33]을 만든다. 공동 농업정책은 농민을 직접적으로 지원하고 농촌 발전 자금을 제공한다. 그렇게 하는 근거는 농업을 다른 경제 부문들과 동일하게 취급할 수 없기 때문이다. 농업은 특수한 조건에 놓여 있다. 예를 들어 날씨에 좌우된다. 밀과 우유는 하룻밤 사이에 뚝딱 생겨날 수 없으며, 시간이 필요하다. 이는—경제적으로도—견뎌내야 하는 시간이다. 여기까지는 충분히 납득되지만, 이러한 농업정책은 잘못된 인센티브를 낳는다. 게다가 이 정책은 관료주의의 괴물로 전락해서 목적을 달성하기 어려우며, 비전문가들이 보기에도 성공하기 힘들어 보인다. 그런데 이 농업정책은 EU의 핵심 요소가 되어 매년 600억 유로를 삼키고 있다.[34] 그 가운데 67억 유로는 독일 한 국가에만 들어간다.[35] 이는 EU 예산에서 개별 항목으로는 가장 큰 돈이다. 그러니까 EU 예산의 38퍼센트에 해당한다. 이조차 과거에 비하면 훨씬 적은 것이다. 1980년대 초반, 농업에 들어가는 EU 예산은 전체 예산의 3분의 2나 되었다.[36]

간단히 표현하자면 EU의 자금은 두 가지 지원에 의해 농업 분야로 흘러들어간다. 첫 번째 지원은 사업장에 직접 지불되는데 특히 농장들의 수입을 확보해준다. 금액은 각 농장이 운영하는 면적에 따라 책정된다. 더 넓은 면적에서 농사를 지을수록 더 많은 지원금을 준다. 지원금은 2000년부터—과거와는 달리—생산 및 수확량과는 무관하게 지불되고 있다. 따라서 어떤 문화권에서 어느 정도 규모로 재배하는지는 아무런 역할을 하지 못한다. 수확량을 고려하지 않고 보조금을 지급함으로써 과도한 생산을 막고 덜 집약적으로 농사를 짓게 하는 효과가 있다.[37] 특히 EU는 2013년부터 직접 지원을 신중한 환경 의무와 연계한다. 그리하여 가장 많은 보조금을 타려면 예를 들어 들판에 어느 정도 다양한 작물을 재배해야 한다. 이 첫 번째 지원에서 배정받는 금액은 과거에는 농장 수입의 3분의 1을 차지했으며,[38] 이 제는 매우 결정적인 수입으로 자리잡고 있다. 두 번째 지원은 농업 발전에 기여하는, 특히 농업과 기후 보호를 위한 자발적 조치에 대한 보상이다. 독일에서는 가령 야생 동식물의 서식지 마련, 생태농업과 동물복지에 지급된다. 조치는 농지마다 다를 뿐 아니라 주(州)에 따라서도 차이가 나며 다양한 것을 포괄할 수 있다. 즉, 들햄스터를 보호하고, 원래는 들종다리, 자고새나 들토끼가 출입하기 힘들 정도로 농작물을 빽빽하게 심어둔 경작지에 인위적으로 창문 모양의 틈을 만들어두는 것도 그런 조치다. 혹은 방목을 해 목초를 먹일 수도 있다. 물론 두 번째 지원에서 나오는 자금은 부수적인 역할을 한다. 이 지원금은 여태까지 평균적으로 경작에서 얻는 소득의 대략 4퍼센트를 차지할 뿐이다.[39] 이 지원 시스템은 지난 수년 동안 생물다양성을 확보하면서 충분한 식량을 생산할 수 있을 정도로 환경을 보호하지 못했다. 또한 농민이 누릴 수 있는 양질의 삶에 기여하지도 못했다. 오히려 농민들에게 엄청난 스트레스를 주었다.

그런데 EU는 2023년부터 이루어진 새로운 지원 기간에 새 혁신을 도입했고, 상당히 긍정적으로 평가할 수 있는 개혁들을 약속했다(하지만 농림부에 따르면, 이 변화의 일부는 우크라이나 전쟁 때문에 독일에서 단 한 번만 적용되었다).[40] 그렇듯 이제 직접 보조금의 4분의 1이 이른바 '에코 모델'에 흘러들어가야 하는데,[41] 이는 꽃을 키우는 평지, 보다 확장된 윤작 또는 종이 풍부한 초원과 이런 비슷한 종류에 추가로 지원을 해준다는 의미다. 그 지원금을 받고자 하는 사람이라면, 환경 및 기후 보호와 관련한 보편적 의무를 넘어서서 환경 및 기후 보호, 생물다양성을 위해서 성과를 내야 한다. 연방농업정보센터에 따르면, "어떤 조치가 자신의 농장에 가장 적합하지는, 목록에 소개한 방식 가운데서 각 농장이 선택할 수 있다."[42] 그러한 조치들은 자발적으로 이루어진다. 그래서 시간이 급박하고 더 분명한 지침이 필요한데도, 농장주들의 판단에 맡겨두고 있다. 그렇지만 이 변화는 올바른 방향이다. EU에서 두 번째 지원을 앞으로 더 강력하게 추진하리라는 점도 긍정적이다. 2026년까지 관련 지원금이 15퍼센트까지 늘어날 전망이다.[43]

개혁은 항상 EU에서 힘겹게 싸워 얻어낸 절충안이다. 그래서 개혁에 대한 평가는 매우 다양했다. 당시 기민당 출신의 율리아 클뢰크너(Julia Klöckner)가 이끌던 경제 부처는 개혁을 시스템 교환으로 보고 다음과 같이 환영했다. "환경 및 기후 보호를 농민과 농촌에 대한 경제적 시각과 더 많이 연결하는 시스템 교환이다."[44] 이에 반해 독일농민협회는 농민들이 입은 심각한 손실과 커져가는 경직성 및 관료주의를 지적했다. 환경 및 자연 보호의 관점에서 보면 새로운 개혁안은 유럽 기후 목표와 지속가능성 목표를 달성하고 종 다양성을 지속적으로 확고하게 다지기에는 너무 부족한 게 분명하다. 이 새로운 개혁은, 예를 들어 레오폴디나(Deutsche Akademie der Naturforsher Leopoldina: 독일에서 역사가 가장 오래된 자연연구학회—옮긴이)의 경우처럼 모든 것을 직접 보조금으로 지불하기를, 그러니까 완전히 첫 번째 지원만을 요구한다. 농민들의 자발성에 내맡기지 말고, 직접적으로 환경과 생태적 다양성에 긍정적 효과를 내게끔 강제하자는 것이다.

하지만 그러기에는 너무 늦었다. 즉, 현재의 규칙은 2027년까지 유효하다. 이 기간이 지난 뒤에야 EU에서 다시금 포괄적 개혁안을 협의할 것이고, 그전에는 2025년 한 차례 점검 후 교정할 계획이다. 또한 독일 농림부 장관 쳄 외츠데미르(Cem Özdemir, 동맹 90/녹색당)도 농업정책에서 포괄적 변경 필요성을 인식하고 있는데, 우선은 독일에서이지만 브뤼셀에서도 마찬가지다. 독일 의회에서 그는 2022년 초에 이렇게 말했다. "현재 시스템은 동물과 농민의 희생으로 연명하며 오로지 실패자만 양산할 뿐입니다."[45] 그는 거듭 말하기를, "기후 보호, 종 다양성 유지와 식량 확보를 대립하는 것으로"[46] 봐서는 안 된다는 것이다. 간략히 말해서, 그는 새로운 농업정책을 옹호한다. 그가 새로운 농업정책을 실행할지, 또 이를 얼마나 신속하게 관철할지는 기다려볼 일이다.

생태경작의 장단점

그러나 그가 식량 위기에도 불구하고, 막강한 로비 집단에도 불구하고, 이해관계들이 정글처럼 얽혀 있는 EU 내부 상황에서 그 같은 근본적 변화를 이루어낼지라도, 그것으로 충분하지는 않다. 어느 정도로 이루어지든 농업의 친환경화는 유감스럽게도 늘어나는 식량 수요와 생존에 필수적인 생물다양성 감소 문제를 해결하기에는 부족하다. 친환경 재배는 관습적 방식에 비해 보통 수확량이 적다. 지역과 문화에 따라 다르지만, 경험적으로 그 차이는 대략 4분의 1로 볼 수 있다.[47, 48] 따라서 친환경으로 재배하는 들판에서는 관습적으로 재배하던 경작지에 비해 평균 25퍼센트 적은 밀·보리·사탕무를 수확한다. 이 수치는 더 높거나 낮을 수 있지만, 생산성이 떨어지는 것은 분명한 사실이다. 이 점은 균형을 맞춰야 할 필요가 있다. 부족한 수확량을 외국에서 수입해 채운다고 균형이 맞춰지는 것이 아니다. 이미 독일은 부족분을 메우기 위해 국내 생산보다도 외국에서 더 많이 수입하고 있는 실정이다.[49] 즉, 독일은 커피·카카오·과일 등 농산품을 대대적으로 수입한다. 심지어 독일 자체 생산도 수입 사료에 의존하고 있다. 이는 EU 전체가 마찬가지다. 따라서 세계 다른 지역의 생물다양성을 희생시키고 유럽만 더 엄격한 환경 의무를 도입하는 것은 중요하지 않다. 그러면 다른 지역의 열대우림이 사라져버린다. 오늘날 EU는 산림전용과 직간접적으로 연관 있는 농산품을 세계에서 두 번째로 많이 수입하는 곳이다. 최대 수입국은 중국이다.[50]

하지만 이는 농업에서만 필요한 변화가 일어나야 한다는 뜻이 아니다. 우리는 훨씬 더 포괄적인 변화를 일으켜야 한다. 즉, 우선 관심사는 식량 손실이다. 유엔식량농업기구(FAO)의 보고에 따르면, 매년 13억 톤의 식량이 경작지와 접시 사이에서 사라진다. 모든 식량의 3분의 1이 먹지 않은 채 버려진다는 것이다.[51] 대략 절반은 소매상과 소비자가 외면해 사라진다. 나머지 절반은 그 이전 수확과 판매 중간에, 그러니까 거래하러 가는 도중에 사라진다.[52] 구체적으로 유럽을 살펴보면, 1인당 매년 173킬로그램의 식량이 사라진다.[53] 이는 매일 0.5킬로그램에 해당한다. 한 사람이 500그램의 파스타 면으로 몇 번 식사할 수 있는지 생각해보면, 이는 엄청난 양이다. 그러나 더 계산해보면 더욱 인상적이다. 독일에서는 대략 매년 1800만 톤의 식량이 쓰레기통으로 들어가며, 그 가운데 1000만 톤은 세계자연기금(WWF)에 의하면 비교적 손쉽게 "구해낼 수 있는" 식량이다. 이 1000만 톤을 생산하려면 260만 헥타르의 땅이 필요하며, 이는 독일에서 곡식 재배를 위해 필요로 하는 전체 토지의 15퍼센트에 해당한다. 이 정도면 생태 경작으로 줄어드는 수확량의 상당 부분을 충당할 수 있다. 식량 낭비는 나쁜 습관 그 이상이다. 식량 낭비는 자연을 훼손하고 생물다양성을 파괴한다. 음식 처리에 관심을 기울이고, 구매한 음식을 통찰력 있게 경제적으로 소비함으로써 우리가 기여하는 바는 아무리 높게 평가해도 부족하다.

더 적은 육류, 더 적은 면적 사용

식습관 변화는 더 큰 기여를 할 수 있다. 평균적으로 에너지의 10퍼센트 정도만 식량 사슬의 다음 차원으로, 그러니까 식물에서 토끼·노루·소·양 같은 초식동물로 전달되고, 초식동물에서 인간·여우·늑대·사자·호랑이 같은 육식동물로 전달된다. 여기서 각각 다음 단계는 더 많은 먹이가 필요하다는 의미인데, 다양한 제품을 생산하기 위한 면적도 서로 다르다. 독일의 경우 1킬로그램의 소고기를 생산하려면 평균 32제곱미터가 필요하다. 돼지고기는 6제곱미터이고, 우유 1리터를 생산하기 위해서는 1제곱미터보다 약간 더 필요하다. 이에 반해 감자는 1킬로그램 생산에 0.2제곱미터만 있으면 된다.[54] 이를 통해 다음과 같은 비율이 나온다. 소고기 1킬로그램을 생산하려면 감자 1킬로그램을 생산하는 것에 비해 160배(말 그대로 160배!)나 많은 면적이 필요한 것이다. 가금류의 경우 이 수치는 53배이며, 돼지고기는 29배, 우유는 6.5배에 달한다. 특히 소고기의 경우 격차가 너무 커서, 이 수치를 본 사람이라면 누구든 확실히 알아야만 한다. 우리는 과거에 늘 먹어왔던 육류를 앞으로도 그렇게 소비할 만한 능력이 없다는 것.

독일에서 곡물 재배 면적 중 가장 많은 부분이 가축 사료 재배에 이용된다는 사실은 놀랄 일이 아니다. 대략 60퍼센트에 달하고, 그다음 16퍼센트는 기름을 만드는 탱크 안으로 들어가거나 산업용으로 쓰인다.[55] 전 세계적으로 보면 이 수치는 더욱 놀랄 만하다. 전 세계 경작지의 70퍼센트 이상에서 동물 사료용 식물이 자라고 있으며,[56] 여기서는 특히 콩을 언급해야 한다. 약간 신랄하게 표현하자면, 농업은 종의 소멸이라는 배경 앞에서 너무나 많은 공간을 차지할 뿐 아니라―독일에서는 면적의 절반이며,[57] 전 세계적으로는 38퍼센트[58]―우리는 거기에 잘못된 품종을 재배하고 있다. 이로부터 그야말로 단순한 결과가 도출된다. 농업이 훼손되지 않은 자연을 더는 잡아먹지 않아야 하기 때문에, 생물다양성과 기후변화 때문에, 동시에 세계 인구 증가 때문에, 우리는 동물이라는 우회로를 거치지 않고 인간의 식탁에 올라오는 식량을 재배해야만 한다. 왜냐하면 "현재의 식습관은 …… 인간과 지구의 위험을 더욱 악화시킬 것이기 때문"이라고 영국의 명망 높은 학술지 〈랜싯(Lancet)〉[59]이 진단한다. 이 의학 전문지는 무엇보다 부유한 산업국가 사람들에게, 하지만 점점 신흥국 사람들에게도 육류를 적게 먹거나 포기하라고 권한다. 그 대신 견과류, 과일, 채소와 통밀 제품을 더 많이 섭취하라고 권장한다. 이런 식습관은 환경을 보호하고, 건강에 더 좋으며, 다이어트 관련 사망자 수를 눈에 띄게 줄여줄 것이라고 한다. 〈랜싯〉에서 연구자들은 구체적으로 동물성 식품 소비를 과감히 줄이라고 권장한다. 매주 100그램의 붉은 고기, 즉 소고기·돼지고기·양고기를 섭취하고, 대략 200그램의 가금류를 먹으면 된다는 것이다.[60] 이러면 기후를 훼손하는 배출물의 상당량과 많은 물을 절약할 수 있다. 이에 따라 지구상의 모든 사람이 일주일에 한두 번만 육식을 한다면, 기후를 훼손하는 배출물의 3분의 2를 막을 수 있다. 우리가 육식을 완전히 포기할 필요까지는 없으며 과도한 섭취를 제한하면 된다. 이는 충분히 무리가 없으며 단번에 좋은 효과가 나타날 수 있다.

개발도상국의 생산성 올리기

개발도상국의 상황은 약간 달라 보인다. 그곳 사람들은 더 많은 칼로리가 필요하며, 특히 단백질·비타민·미네랄이 더 많이 필요하다. 물론 상대적으로 더 가난한 나라에서는 중산층에서 과체중과 심장 및 혈액순환 관련 질병, 당뇨병이 증가하고 있다. 또한 브라질 같은 경우 소규모 생계형 농사와 대비되는 대규모 농장 경영이 흔하다. 개발도상국 농업 가운데 대략 80퍼센트는 소농의 몫이다.[61] 그들은 보통 가난하고 대부분 일을 해도 타산이 맞지 않는다. 농사를 지어 거두는 수확물도 적다. 여기서는 더 높은 생산성이 필요하다. "그곳에 숨어 있는 잠재력은 아프리카 농업의 평균 수확량을 보면 나타난다.

1헥타르당 곡물 수확량은 0.3~1.5톤이다. 그런데 독일에서는 같은 면적에서 5~8톤을 수확한다."[62] 개발부 장관을 지낸 게르트 뮐러(Gerd Müller)의 말이다. "더 나은 토양 및 재배 관리를 교육함으로써 개발도상국 수확량을 단기간에 두 배는 늘릴 수 있다."[63]

과거 글로벌 사우스에서 식량을 더 많이 생산하는 일은 자연 서식지의 변화와 연관이 있었다. 또는 예를 들어 인도에서는 병충해 방제 약품을 과도하게 쓰는 바람에 토양의 비옥함이 사라졌다. 따라서 어떤 대가를 치르더라도, 특히 어마어마한 규모로 단작을 하면서, 생산성을 올리고자 하는 것은 상대적으로 가난한 나라의 목표가 될 수 없다. "농업이 단편적일수록, 재배종의 다양성뿐 아니라 독특한 특성을 지닌 경작 품목과 품종도 위험에 처할 수 있다." 아프리카 농업의 미래를 위한 독일 정부의 글로벌 환경변화 과학 고문의 지적이다.[64] 무엇보다 여기서는 소농들의 생산성 향상과 농사 기술의 현대화가 중요하다. 이를 위해서는 더 많은 지식 외에도 더 좋은 도구와 기계, 영업 방식 및 창고시설이 필요하다. 아프리카에서는 제품을 적절히 보관할 수 없어 곡식에 곰팡이가 피거나 생선이 썩곤 한다. 아프리카는 수확량 향상의 잠재력이 상당히 크다.[65] 그렇기에 아프리카연합(African Union)은 다가올 2030년대의 농업 발전을 위한 포괄적 전략을 통과시켰다. 이에 따르면 회원국들은 매년 국가 예산 가운데 적어도 10퍼센트를 농업에 투자해야 하고 그렇게 해서 생산량을 매년 최소한 6퍼센트 올려야만 한다.[66] "성장 기회를 활용하기 위해서는 장애물을 제거해야 한다. 예를 들어 …… 부족한 기계화, 신용대출 기회 부족, 농민의 노하우 부족, 부적합한 토지 소유 시스템과 부족한 소유권, 무엇보다 농민의 농지 소유권이 부족한 점을 그런 장애물로 꼽을 수 있다."[67] 아프리카개발은행 총재 아킨우미 아데시나(Akinwumi Adesina)는 그렇게 평가한다. 게다가 아프리카에서의 디지털화는 많은 효과가 있을 것이다. 날씨 예보나 영업방식 향상에 기여할 것이고, 그 밖에도 기계를 공동으로 사용할 수 있는 플랫폼 구축 등 다양하다. 기술 발전이 유럽 농업에 어마어마한 발전을 가져오고 지속가능성이란 의미에서도 효과가 있었기에, 아프리카에서도 대단한 잠재력을 보여줄 것이다.

이 모든 것을 도입하고 확장하며 바꾸는 일은 의심할 바 없이 간단한 과제가 아니다. 또한 아프리카에서 빠르게 증가하는 인구를 고려할 때 재배 면적을 확장하고 열대 초원과 숲을 개간하려는 시도는 매우 위대한 일일 수도 있다. 하지만 아프리카에서도 종 다양성에 친화적인 재배 방식을 선택할 가능성이 있는데, 예를 들어 탄자니아의 열대 지역이 그렇다. 즉, 킬리만자로에 있는 차가 홈가든(Chagga-Homegarden)에는 수백 년 전부터 이른바 임업을 겸한 농업인 혼농임업(Agroforestrey)이 행해지고 있다. 우림 지역의 산 한가운데에 정원이 생겨난 것이다. 우림에는 큰 나무들이 많이 자라는데, 그 중간에 바나나, 커피, 채소, 약초와 뿌리채소도 있다. 그리고 소똥을 비료로 사용한다. 이 정원들은 산 위에서는 전혀 보이지 않는데, 우림이 닫혀 있는 것처럼 보이기 때문이다. 그 결과는 참으로 인상적이다. 즉, 그곳의 새들, 박쥐나 메뚜기의 개체수와 다양성은 이웃한 미개발 숲과 거의 비슷하다.[68, 69] 이곳의 토양은 안전하다고 인정받았고, 물에 씻겨 내려가지 않을 것이다.[70] 그리고 사람들도 충분한 수입을 얻고 있다.

무엇보다 소농 구조의 강화, 자연친화적 재배 방식, 더 나은 기계, 때로 전통으로의 회귀가 중요하지, 대규모 단작 확대가 중요하진 않다.

세계의 다른 끝, 인도 안드라프라데시에서는 이제 10만 명 이상의 농민이 지속가능하고 기후변화에 적합한 농업을 실행하고 있다. 이들이 '생태농업 원칙'에 따라 농사를 지으면, 그러니까 친환경적으로 농사를 지으면 국가에서 지원을 해준다.[71] 이는 무엇보다 유해 화학물질을 사용하지 않는다는 의미다. 그 대신에 농부들은 거름, 건초, 퇴비, 식물 추출물을 비료로 사용한다. 그 이유는 토양 상태가 지극히 나빠졌고 생물다양성도 줄어들었기 때문이다. 새로운 재배 방식으로 바꿀 수 있어야 한다. 그러면 토양을 훨씬 비옥하게 해주는 미생물과 벌레, 균류가 돌아온다. 이 모든 것은 처음에는 많은 노고를 들여야 하지만, 장기적으로 봤을 때 이런 방식이 아니면 얻을 수 없을 만큼 많은 수확물을 확보해준다.

두 가지 본보기는 지속가능한 농업이 올바른 접근법과 (국가의) 인센티브가 있으면 개발도상국에서도 이루어질 수 있음을 잘 보여준다. 그리고 이러한 변화를 위해 국제 무역도 지속가능성 기준에 좀더 맞출 필요가 있다. 이때 이러한 제품들이 대체로 친환경적인 조건에서 생산되었음을 나타내는 인증서와 친환경 마크가 중요한 역할을 한다. 게다가 공급망에 관한 규정을 개발해야 성공할 수 있는데, 이때 규정은 사회적 기준 외에도 생태적 기준을 고려해야만 한다. 그런 다음 이런 제품의 진정한 가치를 가격에 담아야 한다. 생물다양성 상실, 지표면 온도 상승, 지하수 오염 같은 조건에서 농사를 지으면 발생하는 비용은 그 어디에도 반영하지 않으며, 언젠가 나중에야 포함된다. 예를 들어 수력발전소와 기후변화 대응 조치 비용은 비싸게 책정된다. 이는 대체로 일반 시민이 세금으로 지불한다(8장 참조).

농업 전환점은 이미 시기를 놓쳤다

이 모든 변화는 수고를 들이지 않으면 도입할 수 없지만, 대안들은 모두 훨씬 끔찍해 보인다. 어쨌거나 장기적으로 봤을 때 말이다. 그렇기에 독일 정부의 전 세계 환경변화 과학 자문단은 이를 두고 "트릴레마(Trilemma)"[72], 즉 세 가지 딜레마라고 부른다. 세 가지는 바로 기후 보호, 식량 안보, 생물다양성 유지다. 이 세 가지 위기는 땅과 연관이 있다. 즉, 기후 보호를 위해서는 땅이 필요하고, 이산화탄소가 식물에게 가고 토양에 잡혀 있기 위해서도 필요하며 또는 습지를 조성하여 대기 중에 있는 이산화탄소를 다시 붙잡기 위해서도 땅이 필요하다. 또한 농업은 곡식 재배를 위해 당연히 땅이 필요하다. 생물다양성을 유지하려면 가능한 한 가만히 쉬게 해야 하기에 땅이 필요하다. 이는 세 가지 경쟁적 요구로, 극단적인 경우 동일한 면적을 두고 서로 다른 요구들이 다툴 수도 있다. 그러나 땅은 자동으로 세 가지 유용성 가운데 하나, 즉 농업에 맡겨진다는 점은 깊이 생각할 필요 없이 세계 어디서나 일어나는 일이며, 그래서 땅은 모든 위기를 증대시킨다.

현재의 식량 위기를 고려할 때 한 조각의 땅에도 밀을 재배하라는 요구는 충분히 납득되지만, 결코 적절한 해결책은 아니다. 보다 집약화된 농업은 어쨌거나 유럽에서는 더 이상 식량 확보를 강화하는 것이 아니라 더 약화시킬 것이다. 게다가 토양의 성질 때문에 휴경 상태로 내버려둔 곳에도 밀을 재배하는 경우가 흔하다. 그 밖에 만일 곤충과 새들이 더 이상 충분히 수분을 해주지 않고, 해충을 퇴치하지 않거나 토양을 비옥하게 유지해주지 않는다면, 언젠가는 아무리 좋은 비료도 아무 소용이 없게 된다. 따라서 해결책은 이것뿐이다. 생물다양성을 현실적 갈등의 제단에 올려놓고 완전히 희생시키지 말고 단기적 요구 때문에 장기적 목표를 포기하지 않아야 한다. 그리고 '농업 전환점'이라는 다른 가능성을 더욱 강력하게 고려해야 한다. 즉, 덜 낭비하고 육류를 덜 소비하는 일이다. 이 두 가지 매우 효과적인 방법은 에너지를 절약하기 위해 차량 속도를 제한하는 조치와 비슷하다. 달리 말해, 독일과 유럽에서는 줄일수록 좋다면, 개발도상국에서는 '조금만 더'가 필요하다. 그러면 전 세계 인구에게 식량을 공급할 수 있고 오늘날보다 더 건강하게 영양분을 섭취할 수 있으며, 종의 다양성도 지켜낼 수 있다.

6

자연에게 공간을 내주기
보호구역은 잘 지켜야 한다

때로 특이한 만남이 정치적 결정으로 이어지기도 한다. 미국 시어도어 루스벨트 대통령이 1903년 열정적인 자연보호가 존 뮤어(John Muir)와 요세미티 국립공원에서 캠핑-피크닉을 한 일도 바로 그런 만남에 속한다. 시에라네바다산맥에 있는 이 공원은 샌프란시스코 동쪽에 위치하며 그 만남 몇 년 전에 만들어졌다. 두 사람은 4일 동안이나 야생에서 함께 머물렀고,[1, 2] 세쿼이아 나무 아래에서 잠을 잤으며, 화강암으로 이루어진 자연산 바위인 전설적인 센티널돔(Sentinel Dome) 부근에서 눈보라를 경험했고, 끝으로 글래이셔포인트(Glacier Point)에서 사진을 찍었다. 이 전망 포인트는 자연적이고 낭만적인 이곳의 확 트인 경치를 잘 보여준다. 사진에는 자연을 사랑하는 사람의 전형적인 모습으로 약간 마르고 수염을 기른 뮤어와 장화를 신고 스카프를 두른 땅딸막한 대통령의 모습이 보인다. 둘 다 모자를 쓰고 있는데, 외모에서 찾아볼 수 있는 거의 유일한 공통점이다. 그 밖에는 전혀 공통점이 없을지 모른다. 즉, 한쪽에는 완고한 대통령이었기에 '러프 라이더(rough rider)', '트러스트 버스터(trust buster, 독점 반대론자)'로 불렸으며 다분히 거칠고 억척같이 일하는 루스벨트가 있다. 다른 한쪽에는 어려서부터 동식물에 매료되었고 오늘날까지 미국에서 가장 유명한 자연보호가로 꼽히는 독학자이자 자연애호가 뮤어가 있다. 이두 사람의 여행은 미국 자연보호 역사상 가장 중요한 캠핑-피크닉 가운데 하나다. 이 캠핑 이후 루스벨트는 2억 3000만 에이커(텍사스주보다 넓은 면적)를 보호구역으로 설정했기 때문이며, 여기에는 5개 국립공원과 18개 천연기념물이 포함되어 있다.[3] 그리고 루스벨트는 요세미티 공원에 대한 감독권을 캘리포니아주한테서 빼앗아 국가 보호 아래 두었다.

요세미티 공원과 같은 구역 지정은 이제 전 세계에서 볼 수 있는데, 특히 많은 종을 품고 있는 소중한 곳을 보호하기 위해서다. 그런 곳에서는 땅을 건드리지 않고 내버려두며, 나무들이 자라게 놔두고, 풀들이 무성하며 시냇물들이 흘러가게 내버려둔다. 자연은 스스로 발달할 수 있고, 모든 것은 싹트고, 찌륵찌륵 울고, 지저귀고, 굼틀거리고, 기어가고, 뛰어다닐 수 있다. 경제학자의 언어로 표현하면, 보호구역을 통해서는 자연자본이 늘어나는 반면, 집약적으로 사용하면 자연자본은 줄어든다.[4] 우리보다 앞선 세대들은 우리가 지금 마주하는 자연환경에 비하면 그렇게 심각하지 않았는데도 그 같은 연관성을 이미 알고 있었다. 예를 들어 인도에서는 이미 2000년 전에도 신성한 숲이나 수풀, 나무 또는 금지된 장소가 있었다.[5] 우리가 오늘날 알고 있는 현대적인 자연보호구역은 19세기에 생겨났다. 독일에서는 1836년에 최초의 자연보호구역이 생겼는데, 드라헨펠스산의 일부다. 독일 최초의 국립공원은 1970년 바이에른 숲에 생겼다. 오늘날 남아프리카의 룰루위임폴로지 공원의 일부는 1895년 아프리카에서 최초로 대규모 보호구역들 가운데 하나로 지정되었다. 이때부터 모든 대륙에 자연보호구역이 생겨났는데, 남아프리카의 크루거 국립공원, 볼리비아의 마디디 국립공원, 캄보디아의 카르다몸 국립공원을 꼽을 수 있다. 이제 전 세계에는 크든 작든 10만 곳의 보호구역이 있으며,[6] 몇몇 곳은 엄격한 보호를 받지만, 느슨하게 관리하는 곳도 있고, 다른 곳보다 더 성공적으로 관리하는 곳도 많다. 유엔에 따르면 현재 지상의 17퍼센트, 바다의 8퍼센트 정도가 보호되고 있다.[7] 그리고 2010~2020년에 이 면적은 2100만 제곱킬로미터(현재 보호하는 면적의 42퍼센트)가 더 늘어났다. 그렇게 많은 일이 있었고, 그런 일들의 진행 속도도 빨랐으며 다행히 더욱 가속화할 것이다. 2030년 무렵이면 지표면의 3분의 1이 보호받을 것이다. 그렇듯 국제사회는 2022년 12월 말에 캐나다 몬트리올에서 새로운 '글로벌 생물다양성 프레임워크', 이른바 '30×30 목표'에 합의했다(7장 참조).

무엇은 포함되고, 무엇은 그렇지 않은가

물론 조치를 취하는 일은 간단하지 않다. 무엇을 보호구역으로 간주하는가? 그러려면 어떤 기준을 충족해야 하는가? 독일만 해도 최소한 6가지 다양한 보호 범주가 있는데, 자연보호구역은 그중 하나다.[8] 다른 보호 범주에는 국립공원, 생물권 보호지구, 경관보호구역, 자연공원, '나투라(Natura) 2000'에 따른 보호구역이 있다. 다양한 기준에 따라 지정된 구역은 서로 겹칠 수 있으며, 심지어 일치할 때도 많다. 그래서 독일 내 전체 면적을 계산하기 위해 간단히 덧셈을 해서는 안 된다. 특히 엄격한 규칙을 적용하는 순수한 자연보호구역은 독일 면적의 6퍼센트 정도다.[9] 온전히 자연에 맡기는 야생구역은 독일에서 고작 0.6퍼센트밖에 없다. 이는 적은 편이며 자체 목표에도 못 미치는 수치다. 독일 정부는 2020년까지 국토 면적의 2퍼센트를 야생 상태로 두겠다고 발표했다.[10] 이 목표는 확실하게 빗나갔다. 앞서 언급했던 나투라 2000 보호구역도 있는데, 이는 유럽 전체를 아우르는 보호구역 네트워크의 일부로 브뤼셀(EU)에서 요구하는 부분이다. 독일에서 이 보호구역에 할당하는 면적은 전체 면적의 15.5퍼센트이고, EU 전체에서는 17.5퍼센트다. 독일 정부의 보고에 따르면 나투라 2000은 "전 세계에서 국경을 넘어 정해진 가장 넓은 보호구역이다."[11] 이를 조망하기란 지극히 어렵다.

이와 비슷하게 전 세계 상황도 조망하기 어렵다. 흔히 어떤 구역이 어떤 보호 범주에 따라 보호구역으로 설정되었는지 근거를 댈 수 없는 경우가 많다. 국제자연보전연맹(IUCN)은 비교할 수 있게끔 지침을 마련했고,[12] 이는 생물다양성협약의 틀 안에서 보고할 의무가 있을 때 기준이 된다. 이 지침은 엄격한 자연보호부터 지속가능한 이용을 포함한 보호구역까지 7가지 다양한 범주를 구분한다. 이 분류는 점점 더 많이 적용되는 듯하며, 유엔과 수많은 국가가 기준으로 삼고 있다.

그러나 모두는 아니다. 이런 점에서 보호구역 할당에 관한 보고는 근사치 정도로 보고 주의해서 참고할 필요가 있다. 물론 그렇다고 해서 이 구상 자체가 전혀 가치 없다는 의미는 아니다.

예를 들어 아프리카의 국립공원을 방문해본 사람이라면, 그리고 그곳에서 하룻밤을 보내봤다면, 좀처럼 잊기 힘든 인상을 받게 된다. 남아프리카공화국의 콰줄루나탈주 북쪽에 위치한 룰루위임폴로지 공원에는 빅5(코끼리·코뿔소·물소·사자·표범)가 있다. 이곳에서는 밤에 귀청 찢어지는 고함소리에 잠에서 깨어날 수 있다. 암사자 무리가 캠프 한가운데를 뛰어다니고 그래서 천막이 진동을 하는 탓이다. 심지어 이 막강한 동물들의 냄새를 직접 맡을 수도 있다. 그런데 아침이 되면 밤에 겪었던 체험이 비현실적으로 느껴질 수도 있다. 손바닥 크기의 동물 발자국을 부드러운 먼지 속에서 볼 수 없었다면 말이다. 또한 남아프리카에 있는 아도 코끼리 공원에서는 코끼리 가족 전체가 물웅덩이에 모여 있더라도, 어린 코끼리들은 항상 잘 보호받고 있다. 이러한 광경 역시 공원 방문객들의 기억에 오래 남게 된다.

물론 그 같은 국립공원들은 관광객에게 제공하는 멋진 자연 체험을 우선시하지 않는다. 이것은 자연과의 연계성을 만들어내고 다시금 자연 보존의 미덕을 받아들이게 하기 위한 부수적 효과일 뿐이다. 오히려 공원이란 인간이 이용하는 바다같이 광대한 영역에서 야생 자연의 섬일 수 있고, 생물다양성 손실을 줄이기 위한 긴요한 수단으로 여겨진다. 왜냐하면 공원은 온갖 의심과 비판에도 불구하고 많은 곳에서 성공을 거두기 때문이다. 동식물의 개체수를 유지하거나 회복할 수 있다는 점에서 그렇다. 이는 어떤 풍경이든, 그러니까 숲, 초원, 저지대 초지에도 해당되지만, 대형 동물도 마찬가지다. 돌아다닐 구역이 필요한 동물들이 건전한 개체군을 구축하려면, 넓은 보호구역이 있어야 하며 이는 매우 중요하다. 그리고 넓은 공원이라야 몇 년간 기후가 좋지 않고 식량이 부족해도 어딘가 먹을 게 남아 있다. 이런 곳에서는 생물다양성을 유지하는 산·강·호수와 함께 전체 생태계가 보호될 수 있다.

사람들이 내버려두면, 자연은 회복한다

보존된 다양성을 간단하게 측정하지는 못할지라도, 자연에게 공간을 내줄 만한 가치가 있다는 점을 보여주는 성공 스토리가 있다. 한 연구에 따르면, 보호구역으로 지정된 전 세계 열대우림 여덟 곳은 종들이 매우 풍부하고 새의 다양성에도 긍정적인 영향을 미친다. 이런 구역의 종 다양성은 다른 어느 곳보다 크다. 특히 숲에 사는 새들이 그러한데, 토착종이자 위기에 처한 종들을 말한다. 예를 들어 전 세계적 다양성에도 매우 중요한 의미가 있는 새들에 해당한다.[13] 그 이유는 보호구역 내부의 숲들이 덜 벌목당하며 방해도 덜 받는 까닭이다. 또한 유럽과 아프리카에서 진행한 다른 연구에 의하면, 조류와 포유류 개체수는 보호구역 내에서 중간 정도를 유지한다고 한다.[14]

그 밖에도 과학자들이 강조하면서 유명해진 사실이 있는데, 어쨌거나 1993년 이후 28~48종의 새와 포유류가 보호구역과 다른 조치를 통해 멸종 위기에서 벗어났다고 한다.[15] 이때 연구원들은 자신들이 연구 결과를 보수적으로 매우 조심스럽게 계산했다고 밝혔다. 실제 결과는 더 좋았을 것으로 추정하지만, 아직까지 측정되거나 기록된 바는 없다. 로마 시대부터 해양 다양성과 아름답고 부유한 사람들의 휴양지로 유명했던 리구리아에 있는 그림 같은 장소인 이탈리아 해안 도시 포르토피나 앞에는 눈에 띄는 변화를 확인할 수 있었다. 그곳은 1999년에 해양보호구역으로 정해졌다. 나중에 과학자들이 그곳에서 새다래과 물고기 3종을 조사한 결과 개체수가 회복되었다는 사실을 확인했다. 물고기 수만 늘어난 것이 아니고, 물고기 크기도 눈에 띄게 커져 있었다. 이는 매우 중요한데, 크고 성숙하고 통통하며 생식력 있는 암컷(BOFFF: big old fat fertile female)은 물고기 수 회복의 열쇠이기 때문이다. 이런 암컷은 크기가 작은 암컷보다 네 배 더 많은 알을 낳는다. 이처럼 살찐 암컷들이 그곳에서 많이 발견되었다. 그 밖에 이른바 파급 효과도 나타났다. 보호구역의 물고기가 너무 많이 늘어나 인접 구역에까지 퍼져나가는 효과를 말한다. 이는 보호구역 밖에서 이루어지는 어업에 유용하고, 해녀와 잠수부도 소득을 얻게 된다.

해양 보호 활동을 하는 '블루액션펀드(Blue Action Fund)'의 사무총장 마르쿠스 크니게(Markus Knigge)도 비슷한 내용을 전한다. "하나의 보호구역이 제대로 작동하면, 물고기 개체수가 회복된다. 심지어 그 이후에는 이전보다 더 많은 물고기가 생긴다."[16] 그리고 이런 일은 불과 몇 년 만에 일어나곤 한다. 만일 사람들이 자연에 더 많은 공간을 내주면 어떤 일이 일어날 수 있는지 그야말로 비자발적이고 비과학적인 방법으로 보여준 사례가 코로나 팬데믹이다. 즉, 갑자기 예전보다 훨씬 많은 돌고래가 헤엄치는 모습이 보스포루스해협에서 목격되었다.

보통 때는 그런 광경을 보기 힘들었다. 돌고래들은 익숙치 않은 고요함을 상당히 즐겼고, 예술적으로 뛰어올랐으며, 거의 아무런 방해도 받지 않고 먹잇감을 잡았다. 작은 배들과 사람들의 통행이 줄면서 돌고래들은 해안에 더 가까이 접근했다. 튀르키예의 황량해진 휴양지 안탈리아에는 바다거북이 아무 방해도 받지 않고 모래에 알을 낳았고, 심지어 멸종 위기에 있던 몽크물범도 지중해 해안에서 관찰되었다.[17] 아드리아해에는 대왕고래[18]가 있었고, 물이 깨끗해진 베네치아의 수로에서는 더 많은 물고기를 볼 수 있었다.[19] 코로나 팬데믹은 자연에 가하는 압박을 그만두면 무슨 일이 생기는지 잘 보여주었고, 그것도 단기간에 효과가 나타났다.

생물다양성이 가장 발달한 곳을 보호하는 게 최선이다. 효과가 가장 좋을 수 있는 곳에 조치를 취하는 일이 간단하면서도 탁월하게 들리지만, 유감스럽게도 그리 간단한 일은 아니다. 생물다양성은 많은 측면이 있다. 그래서 다양한 측면을 고려해야 한다. 그 가운데 세 가지가 특히 중요한데, 종의 풍부함, 특정 지역에서만 서식하는 토착종, 그리고 인간의 영향력이 가장 적은 야생이다. 어떤 기준을 따르는지에 따라 결과는 약간씩 달라질 수 있다.

이를 잘 보여주는 사례가 새다. 즉, 가장 많은 종의 새가 사는 곳은 안데스산맥, 아마존 구역, 아프리카 열곡대(르완다·우간다·케냐·탄자니아 일부), 그리고 히말라야산맥 남쪽 비탈이다.[20] 물론 종의 분포는 일정하지 않다. 일부 새는 전 세계 어디든 있고, 그런가 하면 베짜는새류(weavers)처럼 케냐의 몇몇 숲과 늪지에서만 사는 종도 있다.[21] 심지어 많은 종은 특정 산이나 특정 작은 섬에만 서식한다. 그런데 대부분의 토착 새는 어디서 살고 있을까? 안데스산맥과 서아프리카 카메룬산, 마다가스카르, 스리랑카, 그리고 동남아시아와 오세아니아의 여러 섬들, 특히 필리핀에 있다.[22] 마지막으로 인간의 영향력이 가장 적은 기준으로 걸러본다면, 그러니까 생물다양성이 훼손되지 않은 구역을 선별해보면, 결과는 또 달라진다. 이 경우에는 아마존과 콩고, 동남아시아의 거대 원시림이 긍정적으로 눈에 들어오지만, 이전 범주들과는 달리 북아메리카와 러시아의 대규모 야생지대도 포함된다.[23] 물론 다양한 기준에도 불구하고 겹치는 부분이 있다. 세 가지 범주 가운데 무엇을 적용하든 가장 소중한 구역은 주로 열대지방에 있으며, 특히 열대 산악지대와 섬이다. 무엇보다 안데스산맥, 동아프리카의 산들, 히말라야산맥, 마다가스카르, 스리랑카, 동남아시아와 오세아니아의 수많은 섬이다. 글로벌 노스의 부유한 국가들에는 매우 드물며 중부 유럽에는 아예 그런 구역이 없다.

특히 개발도상국의 풍부한 종들

바로 이 점에서 큰 문제가 생긴다. 추정컨대 소중하고 풍부한 종 다양성의 80퍼센트가 열대지방에 몰려 있으며,[24] 이로써 어떤 범주에 속하는지와 무관하게 주로 개발도상국에서 볼 수 있다는 말이다. 이같은 생물다양성을 보존하기 위해서는 그런 곳의 보호구역이 정말 중요할지 모른다. 독일 경제협력개발부는 다음과 같은 의견을 냈다. "효과적으로 관리하는 보호구역은 생물다양성을 유지하는 가장 중요한 도구이며 나아가 기후 보호에 기여하고 인수공통감염병을 줄이는 데 기여할 것이다."[25] 물론 돈이 부족하기는 하다. 개발도상국에서 자연보호는 예산을 놓고 흔히 다른 생존 과제와 경쟁하는 위치에 있는데, 예를 들어 빈곤 퇴치, 교육체계 구축, 또는—마지막으로 앞의 두 가지보다 더 중요한—의료 지원이다. 사하라 이남 아프리카에 있는 280곳 이상의 보호구역을 조사해본 결과, 대략 90퍼센트는 자금이 부족한 것으로 드러났다.[26] 그 같은 공원에서 당연히 이루어지는 일들, 즉 삼림 관리원을 채용하고 순찰 활동을 하며 밀렵꾼을 막는 일조차 비용 부족으로 불가능할 때가 많은 것이다. 어쨌거나 충분하지 못하다. 게다가 꽤 컸던 관광 수입도 코로나 팬데믹 기간에 확연하게 줄었다. 그러나 국가 예산도 부족할 뿐 아니라, 국제 지원 기금도 필요한 만큼은 되지 못한다. 즉, 대부분의 생물다양성이 관찰되는 곳이 개발도상국인데도, 전 세계에서 이곳으로 흘러들어가는 자금은 고작 매년 19퍼센트[27]에 불과하다. 나머지 재원은 북반구에 투자되는데, 이곳의 자연보호도 분명 중요하기는 하지만, 전 세계에서 일어나는 종의 소멸을 막는 데는 그리 중요하지 않다.

또한 왜 어떤 구역에서는 아무것도 건축해서는 안 되고, 사냥도 안 되며, 굶주림과 가난을 이기기 위한 유일한 최후 수단이라면 동물을 잡아도 된다고 사람들을 이해시키는 일도 매우 어렵다. 인구 증가가 가파르고 코로나 위기로 더욱 부담을 안게 된 개발도상국에서는 더 말할 필요도 없다. 그래서 밀렵은 거의 모든 자연보호구역에서 중대한 주제다. 2022년 6월, 환경부는 단 2주 만에 나미비아에서 가장 큰 에토샤 국립공원의 검은코뿔소 11마리가 사살되었다고 알렸다.[28] 확실하지는 않지만 전해지는 바에 따르면, 멸종 위기종 보호를 위한 워싱턴협약이 거래를 금지했기에 1킬로그램짜리 코뿔소 뿔이 암시장에 1만 유로에 나왔다고 한다. 어느 일간지는 "코뿔소가 코 위에 수십 만 달러를 얹고 산책을 가야 하니, 참 불운한 일"이라는 기사를 썼다.[29] 그만한 가격이면 밀렵에 대한 유혹이 매우 크더라도 놀랍지 않다. 이는 상어와 코끼리에도 해당한다. 하지만 자연 상품에 대한 조직적 범죄를 넘어서 그런 수요, 무엇보다 욕구가 있다. 즉, 공원 주변에 살며 가난하게 사는 사람들은 보호구역에서 항상 사냥이나 어획을 하다가 체포되고는 한다. 단지 먹고 살기 위해서 그렇게 했는데 말이다. 과연 우리는 그들을 비난할 수 있을까?

인간의 욕구와 자연의 욕구를 일치시키기

여기에 사람들이 간단하게 무시할 수 없는 갈등이 등장한다. 문제는 자연보호에 인간 참여가 필요한가 아니면 인간을 배제할 것인가이다. 이는 늘 격렬한 논쟁 사안이다. 어떤 사람들은 '손대지 않은' 자연과 야생의 보존을 옹호하는데, 그야말로 요세미티 공원의 정신으로, 보호가 가장 효과적이기 때문이다. 그들은 인간을 어느 정도 방해 요소나 사악한 무엇으로 본다. 이는 인간 중심적 접근법을 부정적으로 보고 자연을 이상적으로 보는 접근법이다. 존 뮤어는 자연의 초월적 의미를 인정했다. 또한 독일 전통에서도 이런 접근법을 발견할 수 있다. 인간은 이런 전통에서 잘해봐야 자연보다 하위에 속하는데, '이상적인 경우'에는 아예 아무런 역할을 하지 않는다. 오히려 자연은 두덴(Duden) 사전에서 서술하는 정의에 상응한다. 즉, 자연은 "인간의 관여 없이 유기체와 무기체의 현상에서 존재하거나 발전하는 모든 것이다."[30] 최초의 자연보호구역에는 이러한 생각이 바탕에 깔려 있었다. 사람들은 특별히 생물다양성이 존재하는 영역을 선택해 실제로 또는 상징적으로 주변에 울타리를 친다. 이 안에서 자연은 자유롭게 펼쳐진다. 인간의 접촉은 일부만 허용하고 최선은 자연과 인간을 멀리 떼어놓는 것이다.

이같이 이해하는 것은 오늘날 낡은 생각으로 간주되며, 그래서 많은 사람은 자연보호에 있어서 요새 또는 성곽 보호(fortress conservation)라는 표현을 쓴다. 극단적으로 말해서, 모든 인간적인 요소는 엄격한 조건하에서만 개입을 허용하자는 것이다. 완전무장한 민병대나 준군사조직이 공원의 자연을 보호하며, 긴급한 경우에는 폭력적인 또는 의문스러운 방법을 동원한다. 그들은 토착민을 쫓아내고 폭력을 동원하는데, 이때 인권을 심각하게 침해하기도 한다. 서바이벌인터내셔널(Survival International)이나 버즈피드(Buzzfeed) 같은 비정부기구들은 이런 사건을 준엄히 비판하는데,[31] 콩고분지[32]에서의 일이 그런 사례다. 그런 일이 얼마나 퍼져 있는지 모르겠지만, 인권 침해—토착민에 대한 침해도 마찬가지인데—에 대한 보도가 자연보호를 비판하게 만들고 책임자들을 궁지에 몰리게 했다는 사실은 의심의 여지가 없다. 무엇보다 그렇듯 과도한 무절제를 통해서 분명해진 사실이 있을 것이다. 즉, 오로지 자연에게만 허락된 배타적 공간이 있을 것이라는 상상은 오늘날 더 이상 시대에 적합하지 않으며 참아줄 수도 없다.

여기에 식민주의에 대한 비난도 있다. 아프리카에서 최초로 지정된 자연보호구역 몇 곳은 흔히 다음과 같은 목적이 있었다. 백인 귀족들과 취미로 사냥하는 이들을 위해 동물 개체수를 보존하고 토착민들과는 가능하면 거리를 두려고 했던 것이다. 대부분 토착민에겐 사냥하거나 땅을 소유할 권리가 없었고, 그 대신 유럽의 엘리트들은 숨 막힐 정도로 흥분되는 아프리카의 자연에서 마음껏 즐길 수 있었다. 이러한 속내에서 다양한 자연보호구역과 공원이 아프리카에 생겨났던 것이다.[33] 오늘날에도 특정 부류에게는 대규모 야생 사냥이 인기 있는 '여가활동'이다. 유명인사의 예를 들어보면 에스파냐 국왕 후안 카를로스가 있다. 수십 년 동안 에스파냐 민주주의의 수호자이자 보호자라는 명성을 얻었던 그는 사냥 같은 생활방식으로 인해 그 명성을 잃었다. 그는 아프리카, 특히 보츠와나에서 사냥을 좋아했는데, 이런 취미가 우연히 세상에 드러났다. 아프리카에서 사파리를 즐기다가 그만 좌골이 부러져 비행기를 타고 귀국해야 했던 것이다. 이는 자연보호에 있어 식민주의에 대한 비난이 거세지던 상황에서 불신을 불러일으킨 일화다.[34] 신랄한 세부사항을 언급하자면, 후안 카를로스는 세계자연기금(WWF)의 에스파냐 명예회장을 맡고 있었다. 환경보호와 사냥은 그에게 전혀 모순되는 행동으로 보이지 않았다. 그런데 세계자연기금은 다르게 봤고 의견이 분분했던 코끼리 사파리가 알려진 뒤 그 명예직을 서둘러 박탈했다.[35] 또한 도널드 트럼프 주니어도 자신이 아프리카에서 사냥한 동물들을 즐겨 보여주었다. 그가 찍은 사진에는 죽은 코끼리·악어·물소 사진이 있다. 심지어 그는 코끼리 한 마리의 꼬리를 잘라서 한 손에는 꼬리를 다른 손에는 칼을 들고 카메라 앞에서기도 했다.[36] 사냥물을 전리품으로 보여주는 이러한 방식은 그야말로 고상하지 못한 행동이다. 이런 행동이 한때 보호구역을 지정하고 보존하는 데 모종의 기여를 했을 수 있다.[37] 하지만 동시에 이는 아직도 남아 있는 남자다움과 마초 정신을 구체적으로 표현하는 것이다.

그사이 우리가 자연에 대해 머릿속에 품고 있는 관념과 이미지가 중요해졌다. 자연이 인간에게 봉사해야 한다는 생각은 널리 퍼져 있으며 아주 오래전부터 있어왔다. 모든 생각의 중심에는 인간이 있다. 그러니 생물다양성도 풍요의 상징이나 생태계의 기관실로서, 신체·정신·영혼에 영양분을 공급하는 원천으로서 인간에게 유용하다. 여기서 중요한 것은 인간이 자연으로부터 얻기도 하고 빼앗기도 하는 자연의 성과다. 그렇게 하려면 비용이 들어가기 마련이다. '사람을 위한 자연(nature for people)'[38, 39]이다. 그런 뒤에 정반대 견해가 생긴다. 즉, 자연은 그 자체로 가치를 가지며, 인간은 자연에게 자체적 가치를 가질 수 있는 공간만 허락해야 한다는 것이다. 이는 '자연을 위한 자연(nature for nature)'이다.[40, 41] 자연이 예민하다거나 상처를 입을 수도 있다거나, 때문에 사람이 자연을 보호해야 하지 않을까 걱정하는 일은 그처럼 자연을 위한 자연의 시각에서 나올 때가 많다. 이러한 두 극단 사이에 세 번째 학파가 발전했다. 이 학파는 다음과 같은 슬로건을 내걸고 활동한다. '사람은 자연과 하나다(people one with nature)' 또는 '사람은 자연과 조화를 이루며 살고 있다(people living in harmony with nature)'. 여기서 인간이란 자연의 일부이며, 자연으로부터 진화 과정을 거쳐 등장했다. 인간은 자연보다 더 위에 있지도 않고 자연과 분리된 것도 아니며, 인간과 자연은 다양한 방식으로 연결되어 있다는 인식과 의식이 지배한다. 조건부나 변명도 달지 않고 자연에 대한 착취를 보완하기 위해 야생과 자연의 아름다움을 경외시하는 입장은 그야말로 정치로 비교하자면 사회주의와 자본주의 사이의 제3의 길이라 할 수 있다. 두 극단을 고려하면서도 이들을 서로 통합하고자 시도하는, 이른바 생물다양성을 위한 일종의 사회주의적 시장경제라 해도 된다. 이렇듯 제3의 길은 서술하기는 쉽지만 직접 이 길로 나아가는 것은 간단하지 않다는 사실을 우리는 정치라는 본보기에서 아주 잘 알고 있다. 여기서는 항상 새로운 타협이 중요하다. 그러나 이 세 번째 입장은 인간과 자연이 어떻게 진지하고도 동등한 상대로 만날 수 있는지에 대한 미래상이며, 이는 추구할 만한 가치가있다.

구체적 현실에 적용해보면 자연보호라는 이론적-철학적 배경에서 특히 두 가지 문제가 중요해진다. 즉, 공원들이 이론상으로만 있는 페이퍼 공원(paper park)으로 존재하지 않으려면 우선 재정지원과 관리가 더 잘 이루어져야 한다. 두 번째, 보호와 이용 사이의 균형에 더 중점을 둬야 한다. 공원들은 언제까지나 외따로 존재할 수 없으며, 어쨌거나 완전히 그럴 수도 없다. 자연보호는 해당 지역이나 구역에서 살아가는 주민들의 사회적·문화적 관심사와 요구를 고려해야만 성공할 수 있다. 예를 들어 아프리카 인구 가운데 보호구역 주변에 사는 사람이 거의 3분의 1이나 되며, 그것도 반경 10킬로미터 이내에 산다.[42] 이 사람들이 진정한 의미에서 무시당하면, 효과적인 자연보호란 작동하지 않을 것이다.

더 가난한 나라에서 자연보호를 소홀히 하는 일은 생존에—그리고 우리 모두에게—필수적인 생물다양성 유지에 해가 되며, 그 지역 주민에게도 도움이 안 된다. 왜냐하면 주민들은 잘 관리된 공원처럼 훼손되지 않은 생태계가 제공하는 서비스에 상당히 의존하기 때문이다. 그렇듯 아프리카의 최대 식수원 50곳 가운데 40곳이 상당 부분 자연 보호구역의 물로 이루어진다.[43] 또한 이곳 관광은 자연 여행과 자연 경험이 거의 90퍼센트를 차지한다. 공원은 아프리카에서 지극히 중요한 경제 요소로, 일자리와 소득을 창출하는 까닭이다.[44] 그렇기에 전문용어로 말하면 정당한 '손익상계'가 필요하다. 이 말은 지역 공동체와 그 토지에 대한 권리와 이용권을 고려해야 하고 처음 공원을 계획하고 만들 때부터 이들과 연계해야 한다는 뜻이다. 게다가 이들에게 공원을 이용할 권리도 주어야 한다. 이는 제한적으로 어획 및 사냥 권리를 주고, 농업과 가축도 어느 정도 지속가능한 조건에서 허락한다는 의미이다. 또는 사냥이나 농업을 포기하는 대가로 손해배상금 지불도 생각해볼 만하다. 개별 상황은 어느 지역, 어느 고장, 어느 구역이냐에 따라 달라질 것이다. 그러나 분명한 것은 사회적 기준이 앞으로는 과거에 비해 훨씬 강력한 역할을 하리라는 점이다.

토착민의 의미

이는 특히 종 다양성 보호와 관련해 두드러진 역할을 하는 토착 공동체에 해당한다. 첫 번째로, 그들은 대부분 자신들의 전통을 바탕으로 자연적 환경과 더불어, 그리고 그 환경에 기대 살아가기 때문이다. 두 번째로, 그들은 전 세계에서 보호받거나 덜 이용된 땅의 상당 부분을 관리하기 때문이다. 이는 지상에 있는 보호구역과 사람의 영향을 덜 받는 토지의 대략 40퍼센트에 달한다.[45] 게다가 과학적으로 확실한 논거가 있는 사항이 있는데, 그러니까 토착민 구역이 낙후할수록, 자연보호에는 더 낫다는 것이다.[46] 예를 들어 숲을 개간하면, 이는 흔히 외부의 영향이다. 페루의 한 연구는 아마존에서 볼 수 있는 다양한 관리 형태와 그것이 숲 보존에 미치는 영향을 조사했는데, 다음과 같은 결과가 나왔다. 토착민 공동체가 관리하는 구역에서의 자연보호는 최소한 국가 관리 보호구역만큼 효과적이거나 심지어 더 효과적이었다.[47]

따라서 자연보호를 위한 모든 고민이 토착 공동체와 더욱 강력하게 연계해야만 한다는 점은 분명하다. 물론 실제로는 토착 공동체와 국가 당국 사이에 땅의 소유권을 두고 늘 갈등이 있다. 특히 땅에서 지하자원이 발견된다거나 그곳에 팜유 대농장이 들어서는 경우다. 페루의 아마존 한가운데[48] 있는 산타클라라데우추니아(Santa Clara de Uchunya)가 그런 사례다. 이곳의 문제는, 흔히 그렇듯 전통 공동체가 몇 세대에 걸쳐 사용해온 전체 땅에 대한 공식 소유권을 가지고 있지 않았다는 점이다. 이들 문화에서는 그런 게 아무 소용이 없었기 때문이다. 그러므로 그 같은 토지 문제를 해결하고 공식화하며, 앞으로의 보호와 이용에 관한 모든 현안에서 지역 주민들과 연계하는 일이 정말 중요할 것이다. 이것이 바로 생물다양성협약의 미래이며, 이미 이 책 머리말에서도 인정한 바 있다. 지역 공동체는 그곳 자연환경에 대해 너무나 잘 알고, 그 환경을 가꾸고 유지하고자 노력하는 경우가 많다. 그래서 페루의 개별 주들은 생물다양성협약 8조에 의거해서, 생물다양성을 위해 이와 같은 전통적인 지식들을 존중하고 이용할 것을 요청한다.[49] 또한 생물다양성과학기구(IPBES)는 종 보호에 있어 중요한 기여를 하는 토착민과 지역 주민의 권리를 인정하라고 권고한다.[50] 그리고 새로운 '글로벌 생물다양성 프레임워크'는 토착민을 더욱 강력히 개입시키고자 한다. 14쪽짜리 문서에서 토착민을 20번이나 언급했고 생물다양성 보호에 매우 중요한 존재들이라고 거듭 강조했다. 물론 지금까지 현실은 충분히 그러지 못했다. 여기서는 무엇보다 국가 차원에서 많은 것을 만회해야만 한다(이에 관해서는 7장 참조).

보편적으로 우리는 여기서 다음과 같은 모델을 상상해볼 수 있다. 자연보호구역 가운데 생태학적으로 가장 소중한 부분은 지속적으로 인간의 영향에서 자유롭게 만들고, 그 대신 공원의 다른 부분과 그 주변을 다양한 형태로 지역 주민들과 함께 지속가능하게 이용할 수 있는 모델이다. 육지와 해양의 30퍼센트를 보호하고 그 가운데 30퍼센트, 즉 전체 육지와 해양의 10퍼센트를 엄격히 보호하는 것이 과학적 관점에서 의미 있다. 엄격하게 실시하는 자연보호가 특히 효과가 있다는 사실이 충분히 증명되었기 때문이다. 다행스럽게도 앞에서 언급한 30퍼센트와 10퍼센트라는 수치가 그사이 중요한 정치적 문서에 등장했는데, 바로 EU의 생물다양성과학기구에서다. 이에 따르면, 종의 소멸을 2030년까지 반드시 멈춰야 하고 그 추세를 전환해야 한다.[51] 이러한 본보기가 성과를 거두고 국제적 표준으로 승격될 수 있어야 한다. 몬트리올에서 체결된 새로운 '글로벌 생물다양성 프레임워크'에서 탄생한 '30×30 목표'는 의심할 필요 없이 국제 자연보호의 이정표가 되겠지만, 10퍼센트를 엄격하게 보호하고 국가 자체적으로 맡겨두는 과제를 국제기구에서 관철할 수는 없었다(7장 참조). 다른 어디서든 원하는 수준으로 자연보호 효과가 나타나려면 인간과 자연의 공존, 지속가능성과 자연 이용의 공존을 허용하며, 자연보호구역에 인간도 받아들여 안정된 생계를 보장하는 사업 모델을 개발하는 것이 매우 중요하다. 꿀벌 통과 약초 자루로 만족하지 말고 말이다.

보호구역을 잘 관리하기

"보호구역은 풍부한 수단과 숙고 끝에 나온 구상, 분명한 목표와 지역 주민과의 폭넓은 파트너십을 통해서만 제대로 작동한다. 이용과 보호 사이에 일어날 수 있는 이익 충돌은 세심하게 분석해서 균형을 맞춰야 한다. 자연보호는 오로지 사람들과 함께 실현될 수 있지, 사람들에 맞서 실현될 수는 없다. 많은 경우 지역 주민은, 그 가운데 일부는 토착민으로, 그곳 자연을 가장 잘 아는 사람들이며, 수백 년 전부터 지속가능한 이용이라는 개념을 지니고 있다. 그렇기에 보호구역과 그 인접 주민이 함께 지원을 받아야 한다."[52] 비교적 최근에 생긴 재단 '레거시 랜드스케이프스 펀드(Legacy Landscapes Fund)'의 여성 이사장은 자연보호라는 시대적 요구에 대해 이렇게 말했다. 이 펀드는 자연보호를 현대적으로 지원하려는 의도에서 독일 경제협력부 위탁으로 독일재건은행(KfW)이 2020년 설립했다. 그사이 이 펀드는 독일에 자체 본사를 갖게 되었지만, 국제적 규모의 단체다. 이 펀드 이름은

Legacy(유산)와 Landscape(경관)라는 단어를 의식적으로 사용하고 있다. 이 이름은 우리가 인류 유산을 지키지만, 요새나 성채 같은 형태의 보존이 아니라, 전체 경관을 고려하며 보다 폭넓게 이해하면서 보존한다는 의미를 전한다.

이에 따라 이 펀드는 다양한 측면을 세련되게 서로 연결하는 까닭에 새로운 혁신 모델로 간주된다. 펀드는 전 세계에서 생물다양성이 가장 풍부한 몇 군데에 재정을 지원하는데, 특히 개발도상국들 가운데 생물 종이 매우 다양하지만 자연보호에 지원해줄 돈이 적은 그런 곳이다. 최소한 15년 이상 장기간에 걸쳐 매년 100만 달러를 지원한다. 이 지원금은 이자를 포함한 자본금에서 나오며, 이 자본금은 공적 자금과 개인 기부금으로 구성하고 2030년까지 10억 달러를 운영한다. 이 펀드에서 자본금 제도를 만든 뒤 1년 만에 대략 2억 3000만 달러를 마련했다.[53] 매년 100만 달러는 비용의 일부만 메우는 데 불과하지만, 공원들은 이를 통해 정기적이고 안정적인 수입을 확보하게 된다. 이 자금으로 공원들은 더 나은 계획을 수립하고 감독하며, 더 공들여 관리하고 인근 주민들과 보다 장기적인 신뢰 관계를 구축할 수 있다. 보호구역의 생태적 장치는 젠켄베르크 생물다양성 및 기후 연구센터의 툴(tool)을 통해 과학적 근거가 마련되어 있다. 이 툴은 온라인에서 불러올 수 있고 모든 보호구역을 비교할 수 있다.[54] 그 밖에도 펀드는 매우 다양한 종류의 협력 관계를 맺고 있다. 즉, 전 세계에서 들어오는 공적·사적 기부금, 공무원도 포함된 프랑크푸르트동물학회(FZS) 같은 경험이 많고 적극적으로 참여하는 비정부기구들, 그리고 지역 주민이 포함된 공원 책임자들이다.

레거시 랜드스케이프스 펀드로부터 처음 지원금을 받는 공원이 선별되었고, 여기에는 "아프리카에서 최고의 야생"[55]을 보여주는 잠비아의 북루앙과 국립공원, "세계의 초록 허파"[56]로 불리는 콩고의 오잘라코코우아 국립공원, "안데스산맥과 아마존강이 만나는"[57] 볼리비아의 마디디 국립공원, 그리고 "동남아시아의 야생 심장"인 인도네시아 수마트라섬의 구눙르우제르 국립공원이다. 이 펀드는 2030년까지 총 30곳의 자연보호구역에 이 같은 방식으로 지원하고자 하며 가능하면 그 지역 공동체도 지원 대상에 포함하고자 한다. 이 펀드는 처음 지정한 공원들을 통해 6만 제곱킬로미터에 달하는 면적을 보호하는 데 도움을 주고 있다. 이는 벨기에 면적의 두 배 정도다.[58] 더 많은 재원이 들어갈수록, 더 많은 보호 면적에 지원해줄 수 있다. 물론 종의 소멸을 멈추게 하려면 아무리 큰 공원이라도 30곳으로는 부족할 것이다. 아프리카에만 7000곳의 보호구역이 있으며,[59] 전 세계적으로는 10만 곳 이상이다.[60] 이런 펀드는 필요로 하는 수많은 기부금들 중 하나이며, "생물다양성이라는 방주"를 위한 것이다. 사람과 경관을 모두 고려했지만 공원이 만병통치약은 결코 아니다. 더욱 담대한 실천, 더 광범위한 재원과 연대, 그리고 더 많은 노력이 필요하다.

생태계를 회복시키기

자연보호는 생물다양성을 지키고 다시 확대할 수 있게 하는 중요하지만 하나의 수단일 뿐이다. 자연 서식지를 (과도하게) 이용하여 먼저 생태계 가치를 떨어뜨린 다음 생물다양성을 복원하는 것보다, 자연 서식지를 보호하는 편이 훨씬 더 쉽고 더 나으며 더 저렴하다. 하지만 이미 잃어버린 다양성을 고려할 때 전자의 방법도 가능하고 합당하다. 이를 위해 숲에 나무를 새로 심는 것도 하나의 선택지다. 이는 온대지방에서도 열대지방에서도 가능하다. 물론 여기서 중요한 것은, 한 가지 나무만 심지 않고 다양한 토착 나무 종들을 조합한 숲이어야 한다는 점이다. 가령 전 세계 다른 지역에 있는 이국적인 종이어서는 안 된다. 토착 종으로 잘 조합해 나무를 다시 심은 구역에서는 시간이 지나면 원래의 다양성을 복원할 수 있다. 그에 대한 다양한 연구와 증거가 있다.

예를 들어 케냐 서부의 카카메가 숲은 1940~1960년에 부분적으로 벌채되었다가 다양한 종의 나무를 섞어 심어 원래의 우림으로 복원되었다.[61] 이로부터 적어도 45년 뒤인 2005년에 조사했더니 새로운 숲은 원래의 숲과 거의 구분할 수 없었다. 이곳 새들조차 비슷했으며,[62] 위성사진으로 봐도 그곳에 여전히 존재하던 상대적으로 손상을 덜 입은 열대우림의 나머지 부분과 다르지 않았다. 이 같은 결과는 전형적이다. 이보다 더 폭넓은 분석에 따르면, 77곳의 열대 숲이 얼마나 회복되었는지를 비교한 연구에서도 비슷하게 고무적인 결과가 나왔다. 토양과 식물은 10년이 채 안 된 시점에도 이미 원래 기능을 (90퍼센트까지) 다시 회복했다. 숲은 애초의 다양성을 달성하는 데 25~60년이 필요하다. 물론 종들과 바이오매스 둘 다 고려했을 때 그 상처가 어느 정도 치료되기까지 120년 이상이 걸린다.[63] 달리 표현하면, 숲을 재건하는 일은 어떠한 경우에도 그럴 만한 가치가 있는데, 기후 보호 때문에도 그렇다. 하지만 이 모든 일은 시간이 필요하고, 단기적이 아니라 중장기적으로 봐야만 비로소 문제를 해결할 수 있다.

예를 들어 아프리카는 매우 인상적인 본보기인데, 이곳에서는 다양한 활동을 통해 수백만 그루의 나무를 심어 6만 제곱킬로미터가 넘는 영역에서 나무 개체군을 재건했다. 노벨평화상 수상자인 여성 환경운동가 고(故) 왕가리 무타 마타이(Amgari Muta Maathai)의 '그린벨트 운동'이 그런 예다. 또한 오스트레일리아의 토니 리노도(Tony Rinaudo)는 황폐해진 땅에 식물과 나무가 다시 우거지게 했는데, '자연 재생에 따라 관리하는 농장(farm managed natural regeneration)'이라는 간단한 방법을 통해서였다. 이는 성장을 새로 촉진하기 위해 땅 밑에 숨은 뿌리와 함께 이전에 벌목된 나무들과 기존 덤불을 이용하는 방법이다. "많은 사람이 …… 다시 나무를 심는 일은 매우 어렵고, 돈도 너무 많이 들며 매우 기술적이어야 한다고 생각한다. 하지만 놀랍게도 이 일은 매우 단순하다. 수백만 달러 들일 필요도 없다. 첨단 과학도 필요하지 않으며, 그저 자연과 함께 작업하면 된다." 토니 리노도는 그렇게 자신의 방법을 기술했고, 그는 대안 노벨상을 수상하기도 했다.[64] 그사이 재조림에 관한 성명들이 국제적으로 다양하게 나왔다. 예를 들어, AFR100 이니셔티브(African Forest Landscape Restoration Initiative)가 있는데, 아프리카의 30개국 이상이 여기에 가입해 있다. 1억 헥타르의 땅을 2030년까지—국제 원조도 받아—재조림하기 위해서다.[65] 이 운동이 성공할지는 아직 불확실하지만, 어쨌거나 앞으로 한 발 내디딘 것은 맞다.

습지는 재생을 위한 또 다른 효과적인 선택지다. 2021년 습지 관련 작업으로 독일 환경상을 받은 한스 요스텐(Hans Joosten) 교수는 "습지는 축축해야만 한다"[66]고 말했다. 지난 수백 년 동안 습지에서 상당한 양의 물이 빠져나갔다. 독일의 경우 이런 습지 중 자연보호구역은 4퍼센트 이하다.[67] 다른 국가도 이와 비슷하다. 전 세계적으로 이미 모든 습지의 10퍼센트 정도가 배수로 인해 토질이 퇴화되었다. 그 원인은 흔히 그렇듯 농업이다. 사람들은 이른바 '황무지' 또는 '불모지'를 더 나은 땅으로 만들고자 했고 지금도 그러한데, 그곳에 무언가를 재배하기 위해서다. 과거에는 난방을 위해 토탄을 채굴했고 오늘날에는 꽃을 심기도 하는데, 이 또한 나름의 역할을 한다. 하지만 이로 인해 땅이 건조해지고, 고유한 생물다양성을 지닌 서식지가 줄어들었다. 게다가 땅이 말라버리면 자유롭게 방출되는 이산화탄소를 습지는 놀라울 정도로 많이 붙잡아둔다. 독일만 해도 이산화탄소 증발은 모든 배출 가스의 6~7퍼센트를 차지하며, 이는 독일에서 출발하는 항공기들이 배출하는 이산화탄소보다 더 많다.[68] 만일 습지에 다시 물을 대주면, 이런 과정이 멈추고 정반대 현상이 일어난다. 그러니까 이산화탄소 발생원에서 이산화탄소 흡수원으로 바뀌고, 종의 다양성은 다시금 증가한다. 습지를 이와 같이 보호하거나 다시 예전 습지로 복원하는 일은 전반적으로 이득이 된다. 습지는 강한 비가 내릴 때 완충제 역할도 하는데, 비를 저장해서 나중에 가뭄이 생기면 주변 농지에 물을 공급할 수 있다. 북반구에는 습지가 풍부하기에 이런 조치가 더욱 효과적이다. 특히 러시아·알래스카·캐나다가 그렇고, 핀란드와 스웨덴도 마찬가지다. 독일의 경우 습지는 주로 북서·북동 지방과 알프스산맥 언저리에 있다.[69] 이런 습지에 체계적으로 물을 다시 공급하면 많은 이득이 있을 것이며, 게다가 생물다양성 면에서도 약간의 공정성을 확보할 수 있다. 이런 일도 하지 않으면 대부분 개발도상국에만 생물다양성 보호를 요구할 테니 말이다.

도시를 더욱 녹색으로

끝으로 사람들이 자연을 가장 기대하지 않는 곳, 그러니까 도시에서 더 많은 자연을 볼 수 있게 해야 한다. 보통 도시는 유리·철강·시멘트·아스팔트 같은 재료들로 엮여 있다. 언뜻 보면 이런 인상을 받게 된다. 그러나 좀더 자세히 보면 도시는 녹색으로 바꿀 가능성이 아주 많은데, 시골에 비해서는 녹색 면적이 적겠지만 그래도 상당한 가치를 가진다. 농업의 경우와는 달리 도시에서는 많은 것을 원하는 만큼 늘릴 수 있다. 그렇기에 오늘날 경작지보다 도시의 종 다양성이 더 풍부하다. 우리는 이를 비교적 쉽게 확장할 수 있다. 즉, 아스팔트가 깔린 장소를 꽃피는 뜰로 바꿀 수 있고, 거리에는 다양한 토종 나무들을 심고, 주차장은 알록달록한 꽃밭으로 바꾸면 된다. 또한 건물 정면, 발코니와 지붕에도 식물을 둘 수 있으며, 심지어 고층 건물도 수직 오아시스가 될 수 있다. 이 모든 것은 다양한 토종 식물로 하는 게 가장 좋은데, 제라늄 대신 샐비어와 라벤더로, 만병초 대신에 식용 과일나무를 심으면 된다. 슬로건은 '그린시티(Green City)'이며, 세계가 갈수록 도시화되고 있기에 이는 더욱 중요하다. 도시인들이 자연과 전혀 관계 없으며 녹색에 대한 욕구가 없다고 생각하면 편견이다. 오히려 정반대 현상이 흔히 일어난다. 다시 말해 도시인들은 녹색에 대한 소망이 더 크다. 전설적인 인물 쿠르트 투홀슈키(Kurt Tucholsky)는 자연과 도시를 동시에 동경하는 마음을 담아 "앞에는 발트해, 뒤에는 프리드리히 거리(베를린)"라고 표현했다. "아름다운 전망", "하지만 저녁에 극장 가기에 멀지 않은……."[70] 게다가 계속에서 도시가 뜨거워지는 기후변화 시대에는 자연에 대한 욕구가 증가한다.

대기에 수분을, 동물들에게 서식지를 제공하는 도시 중심가 공원들과 그늘을 만들어주는 나무들은 더욱더 환영받는다. 전 세계적으로 그린시티는 이제 막 시작 단계에 있다. 빈·뮌헨·프랑크푸르트·베를린·스톡홀름·암스테르담·코펜하겐처럼 비교적 푸릇푸릇하고 살기 좋은 도시들은 결코 전 세계 평균이 아니며, 방글라데시 수도 다카와 나이지리아 수도 아부자 같은 더러운 회색 대도시가 바로 전 세계 도시인들 다수가 오늘날 살고 있는 도시다. 할 일은 여전히 많으며 어마어마한 개선의 여지가 있다.

결론적으로, 자연보호는 매우 중요하고 빈번히 성공을 거두었지만, 아직 불충분하고 그다지 효과적으로 실행되지도 못했다. 어떤 때는 돈이 부족하고, 어떤 때는 능력이나 정치적 의지가 부족하며, 지역민에게 경제적 대안이 부족한 경우도 많다. 그러나 자연보호만으로는, 이를테면 우리가 사람들을 배제하지 않고 사람들을 포함시켜서 자연보호를 하더라도, 종의 소멸이라는 문제를 홀로 해결할 수 없다. 자연보호는 재생을 위한 조치, 농업 및 토지 이용의 변화, 그리고 생활습관 변화와 함께해야 한다. 이 모든 것을 위해 분명한 목표설정이 필요하고 정치계가 기본조건도 정해야 하고, 그것도 전 세계적으로 그래야 한다. 그렇기에 2022년 12월, 국제사회가 생물다양성에 관한 새로운 틀에 합의한 일은 매우 중요하다. 캐나다 몬트리올 정상회의는 분명 생물다양성이라는 주제가 마침내 그에 걸맞은 위상을 갖게 된 새로운 시대의 시작점이었다. 사실 이미 오래전에 그런 위상을 가져야만 했지만 말이다. 유감스럽게도 그전까지 종의 소멸이라는 문제가 가진 엄중한 의미는 국제 정치에서는 물론 전 세계 개별 사회에서도 제대로 전달되지 않았다. 생물다양성은 지속가능성의 '의붓자식' 같은 취급을 받았을 뿐이다.

7

바라건대 고대했던 출발이기를
새로운 국제적 목표의 합의

그들은 무대 위에 서 있었고, 이런 순간에 감동한 듯 보였으며, 두 팔을 높이 뻗었다. 협상 대표들의 얼굴에는 기쁨이 넘쳐났지만, 엄청나게 노력한 표정도 보였다. 눈물을 글썽이는 이들도 있었다. 어쨌든 190개국 이상의 대표단은 기후 보호를 위해 일치단결하여 새로운 협약을 통과시켰다. 2009년 완전히 실패했던 코펜하겐 정상회의를 포함해 수년간 힘겹게 싸우고 2주간 협상을 벌인 끝에 드디어 12쪽짜리 합의문이 나오게 되었다. 이는 지구온난화를 견딜 수 있을 정도로 유지하고자 하는 노력의 일환이다. 그리고 최초로 모든 국가가 모였는데, 교토의정서 때처럼 선진국들만이 아니라, 모든 국가가 의견을 모았다. 작은 국가든 큰 국가든, 가난한 국가든 부유한 국가든 상관없이. 섬나라 피지부터 중국까지, 미국에서부터 마다가스카르에 이르기까지, 노르웨이에서부터 아르헨티나에 이르기까지 모두 참석했다. 이처럼 세계적인 합의는 기후 보호에 있어 새로운 시대를 알리는 것이다. 비판자들은 더 많은 책임과 오염 배출 상한선 지정을 원하긴 했지만, 연대한 국가들은 최초로 지구온난화를 1.5~2도로 제한하는 의무를 두었고, 이를 위해 앞으로 나아가야 할 길도 제시했다. 당시 유엔 기후 담당 책임자였던 코스타리카 출신의 크리스티나 피게레스(Christina Figueres)는 이 뜻 깊은 날에 다음과 같이 말하며 그날 회의장의 전반적인 분위기를 전했다. "하나의 행성, 올바로 행할 단 한 번의 기회, 우리는 해냈습니다, 바로 여기 파리에서. 우리가 함께 역사를 만들었습니다."[1]

이 일은 2015년 12월 12일에 일어났다. 이후 국제 정치무대에서는 곧잘 '파리 순간'이라 말하곤 하는데, 이는 무언가 일을 진전시키고 세계 공동체로서 마침내 도전을 극복할 활동력을 보여주려는 때를 가리킨다. 물론 이 파리 결의가 문제를 해결하지는 못했고, 기후 보호를 위해서는 아직도 해야 할 일이 많다. 비행기 여행, 가솔린 엔진, 난방 또는 화력 발전 등 어떤 주제건 이산화탄소 배출을 21세기 중반까지 0으로 만들어야 하는데, 이른바 '제로 배출(zero emission)'이다. 우리 모두는 바뀐 조건에 적용하고 일상에서 실천하기 위해 더 강력한 요구를 받게 될 것이다. 하지만 정치적 틀은 마련되었다. 확고한 합의문이 있기에, 사람들은 이를 바탕으로 지속적으로 노력할 것이고, 이를 기준으로 어느 정도 진전이 있는지 계산하고 조정할 수 있다. 이런 일은 중요하다. 비록 단호하지 않고 충분히 신속하지 않아도, 일이 돌아가고 있다는 점은 어디서든 관찰할 수 있다. '기후변화 정책 주류화(climate mainstreaming)'라는 개념은 오래전부터 전문가 집단을 넘어서서 널리 사용되고 있다. 내가 자유롭게 해석해보자면, 이 개념은 기후라는 측면을 언제 어디서나 함께 생각하고 고려한다는 뜻이다. 특히 이 때문에 오늘날 많은 기업들조차 지속가능한 전략을 마련하고 얼마나 진전을 이루었는지 보고할 수밖에 없다. 겉으로만 환경을 내세우는 '위장환경주의(Greenwashing)'가 개입할 여지가 있기 때문에 그렇다. 하지만 기업이 지속가능 전략을 알린다는 것은 경제 부문이 점차 이를 설명해야 한다는 압박을 받고 있으며, 친환경 행동의 의무가 있음을 알고 있다는 뜻이기도 하다. 이러한 방향은 (지속가능한 발전 목표와 함께) 파리를 통해 분명하게 정해졌다. 심지어 블랙록(BlackRock: 미국에 본사를 둔 세계 최대의 자산운용회사—옮긴이) 같은 기업도 몇 년 전만 해도 '메뚜기'라는 비난을 받았고 자신의 수익 외에는 관심이 없는 것으로 알려졌지만, 이제 하청 기업을 포함해 배출 감소 목표를 분명하게 설정했다.[2]

전 세계 생물다양성 체제로 가는 머나먼 길

사람들은 생물다양성이라는 주제를 끌어안고 오랫동안 '파리 순간'을 기다려왔다. 결정적인 기후 회의와 결정적인 생물다양성 회의 사이에 거의 7년이 흘렀다. 즉, 2022년 12월 18일, 국제사회는 캐나다 몬트리올에서 열린 '세계 자연 정상회의'에서 마침내 생물다양성에 관해 합의했으며, 이를 '글로벌 생물다양성 프레임워크'라 부른다.[3] 파리 합의와 마찬가지로 이 합의는 생물다양성과 관련된 앞으로의 모든 전략과 행동에서 기준이 되는 상부구조다. 이 합의는 새로운 목표를 담고 있는데, 개별 국가들은 이 목표를 추구해야 하고, 자신들의 국내 정치도 이 목표에 맞춰야 한다. 합의가 이루어질지 여부는 회의 시작 시점까지도 불확실해 보였다. 결국에는 많은 사람이 이전에 예측했던 바보다 더 까다롭고 구체적인 합의가 이루어졌다. 이는 아주 큰 성공이며, 그런 점에서 이제 생물다양성을 위한 정치적 돌파구도 생기고 향후 몇 년간의 계획이 마련된 셈이다.

여기까지 오는 길은 힘들었다. 기후와 생물다양성에 관한 일은 원래 유엔에서 동시에 시작되었다. 리우에서 열렸던 이른바 지구 정상회의는 1992년 21세기의 환경과 발전을 위한 기본 노선인 '어젠다 21'을 정했을 뿐 아니라 국제법상 연계된 일련의 협정을 내놓았고, 그 가운데 기후변화에 관한 협약과 생물다양성에 관한 협약도 있었다.[4] 후자는 생물다양성 상실이 인류 전체의 걱정거리임을 인지하면서 우선 세 가지 목표를 정했다. 첫 번째 목표는 생태계의 생물다양성 및 종 내에서의 유전적 다양성 확보다. 두 번째 목표는 생물 종과 그 구성요소를 지속가능하게 이용하는 것이고, 세 번째 목표는 유전적 자원을 이용함으로써 생기는 이윤을 공정하게 분배하는 일이다.[5]

국제 기후 정책은 계속해서 진전을 이룬 데 반해, 생물다양성협약 (1993) 이후의 전개 양상은 달랐다. 이 주제는 보편적 인식에 도달하지 못했다. 과연 누가 바이오 안전성에 관한 카르타헤나 의정서(Cartagena protocol)[6]를 알 것인가? 이 의정서는 유전자 변형 생물체의 국가간 이동을 규제하는 합의다. 아니면 몬트리올 합의의 선구자라 할 수 있는 '아이치(Aichi) 목표'[7]는 알까? 2010년부터 2020년까지의 기간이 '유엔 생물다양성 10년'이었다는 사실도 잊혔다. 몬트리올 정상회의로 인해 이런 상황이 바뀌기를 바란다. 언젠가 우리가 자연을 새롭게 대하는 자세의 기점이 이 정상회의였다고 인지하게 되기를 바란다. 어쨌거나 독일 환경부 장관 슈테피 렘케(Steffi Lemke)는 이 정상회의 얼마 뒤에 "국제적 차원에서 이루어진 강력한 합의"[8]라고 말했다. 심지어 캐나다 언론은 "역사적 합의"[9]라고 기술했다.

합의를 이끌어낸 것만 기쁜 일이 아니며, 합의 내용도 놀라울 정도로 좋다. 과학계에서 필요하다고 생각한 모든 사항을 포함하지는 못했지만 말이다. 큰 틀에서 말한다면 이 새로운 합의는 우리가 21세기 중반까지 "자연과 조화"[10]를 이루며 살게 될 미래상을 보여준다. 그때까지 인간으로 인해 발생한 멸종 비율을 10분의 1까지 줄이고 생물다양성을 지속가능하게 유지한다는 것이다. 이 미래상은 2030년까지 달성해야 할 23개의 구체적인 목표로 뒷받침된다.

이 목표 중에는 그때까지 지구 표면, 그러니까 육지와 바다 면적의 각각 30퍼센트를 자연보호구역으로 설정한다는 과제도 들어 있다(목표 3, 이른바 '30×30 목표'). 그야말로 참신한 목표다. 이는 육지에서 보호하는 면적이 거의 두 배(지금까지는 17퍼센트)가 되어야 한다는 뜻이며, 바다의 경우에는 거의 네 배(지금까지는 8퍼센트)가 된다. 만일 성공한다면, 이는 생물다양성 보존을 위한 의미심장한 걸음이 될 것이다. 왜냐하면 자연보호구역은 그곳과 그 인근 주민을 포함해야만 제대로 작동하기 때문이다(6장 참조). 또한 토질이 저하된 땅의 재생에 관한 내용도 중요하다(목표 2). 즉, 2030년까지 이런 땅 가운데 30퍼센트를 "효과적으로 재생해야"만 한다. 전 세계적으로 큰 피해를 입히는 침입종이 안주하는 비율도 2030년까지 절반으로 줄여야 하고(목표 6), 살충제를 비롯한 유해 화학물질의 위험도 절반으로 줄여야 한다(목표 7). 마지막으로 자연을 훼손하는 보조금은 2030년까지 매년 5000억 달러씩 줄이기로 계획했다(목표 18). 따라서 매우 중요하고 구체적인 수치가 합의문에 담겨 있으며, 이런 수치를 달성한다면 아주 바람직한 효과가 생겨날 것이다. 생물다양성 보호에 중요한 거의 모든 사항이 이 합의문에 최소한 언급은 되어 있다. 또한 토착민과 지역 공동체가 자연보호와 지속가능한 자연 이용에서 지니는 의미도 언급되어 있다(목표 22). 모든 결정과정에서 그들을 고려해야 하고 모든 중요한 정보를 제공해야 한다.

불분명한 자금 조달

하지만 이렇듯 낙관적인 행복감은 개별 사항들을 약간만 살펴봐도 사라지고 만다. 흔히 그렇듯 여기서도 악마는 디테일에 숨어 있다. 무엇보다 먼저 재정을 언급할 수 있다. 개발도상국들이 보다 자연친화적으로 움직이게 하려면 분명 지원이 필요하다. 이 나라들은 단독으로 이 중요한 변화를 감당할 수 없는데, 소중한 생물다양성의 많은 부분이 바로 이 나라들에 있는 탓이다. 그렇기에 몬트리올에서도 돈 문제가 가장 큰 쟁점 가운데 하나였다. 개발도상국들은 기후변화 극복을 위해 운영하는 자금과 비슷한 액수를 요구했는데, 그러니까 매년 1000억 달러였다. 그러나 결국에는 2025년부터 매년 200억 달러,

2030년부터 300억 달러(목표 19)를 지급하기로 합의했다. 이는 필요한 액수보다 훨씬 적은 금액이다.

유엔은 현재 전 세계의 종 보호와 자연보호를 위해 매년 7000억 달러의 자금이 부족하다는 계산을 내놓았다.[11] 전 세계에서 오히려 자연을 훼손하는 데 쓰이는 보조금 5000억 달러를 회수해 생물다양성 보존에 쓰더라도(이는 오늘날의 시각에서 보면 비현실적이다), 여전히 2000억 달러가 부족하다. 개발도상국에 우선 200억 달러, 그리고 나중에 300억 달러를 매년 지급하더라도 매년 1700억 달러의 자금 부족이 발생한다. 이런 수치는 대략적인 추산에 따른 것이기는 하지만, 그럼에도 다음과 같은 사실을 분명하게 보여준다. 즉, 필요한 자금을 조달하는 일은 그야말로 헤라클레스가 이런저런 실수와 악행을 저지르고 그로 인해 받았던 노역이라 할 수 있다. 게다가 공적개발원조(Official Development Aid, ODA)에서 나온다는 200억 달러는 오늘날로 보면 매우 야심 찬 목표치다. 경제협력개발기구(OECD)의 계산에 따르면, 상대적으로 가난한 국가에 생물다양성을 위해 지급하는 돈은 2020년에 100억 달러였다.[12] 그러니 앞으로 2년 동안 두 배가 되어야 하고, 나중에는 세 배가 되어야 한다.

신속한 자금 확보를 위해, 지구환경기금(Global Environment Facility, GEF)에 생물다양성펀드(Global Biodiversity Framework Fund, GBF)가 만들어졌다.[13] 지구환경기금은 1992년 리우데자네이루에서 열린 지구 정상회의 즈음부터 있었던 다국적 환경 펀드다. 계획대로라면 생물다양성펀드에 2025년부터 공적 및 사적 기부를 통해 200억 달러가 흘러들어가야 한다. 물론 이 같은 금액은 어려워 보인다. 공공 자금을 얼으려면 매우 많은 노력이 필요하다. 그 나머지는 개인들에게서 나와야 하는데, 정상회의 문서에 따르면 분명하게 기부자로 허용된 개인들이다.[14] 지구환경기금은 물론 지금까지 오로지 공적 출처[15]에만 의존했고, 따라서 그 정관과 규정을 바꿔야만 한다. 지금까지 계획한 바에 따르면, 2023년에 새 펀드를 설립한다는 것인데, 그러면 이미 자금을 투입할 준비가 되어 있다는 이야기다. 이는 복잡한 변경을 거쳐야 하는 과정임을 고려할 때 야심 찬 계획으로만 보인다. 모든 것을 종합해볼 때 합의를 실천할 경우 생물다양성에 들어갈 재정 상황은 매우 불확실하다.

23개 목표―많은 미해결 문제

정상회의 합의문은 분명 낙관적으로 보일 수 있는 목표들을 제시하지만, 해명이 필요한 문제도 많다. 가령 전 세계적 과제로 제시한 '30×30 목표'다. 이 목표에 따르면 2030년까지 육지와 바다를 포함하는 지구 표면적의 30퍼센트를 보호해야 한다. 그런데 누가 얼마만큼 어떻게 보호해야 한다는 말인가? 문서에는 "효율적으로 보호·관리되어야 한다"[16]는 표현이 있는데, 이를 어떻게 이해해야 할까? 해당 구역의 생물다양성이 실제로 보존되고 있는지를 누가 얼마 동안, 어떤 방식으로 관리해야 할까? '기타 효과적인 지역 기반 보전 조치(Other Effective Area-Based Conservation Measures, OECM)'[17]라는 새로운 범주는 어떻게 다뤄야 할까? 이 개념은 지정된 보호구역 외부에 있지만 자연을 잘 관리하는 관례·전통·생활습관을 지니고 있어 일상에서도 지속 가능성을 유념하며 살아가는 곳을 가리킨다. 하지만 어떻게 그런 구역을 확인할 수 있을까? 무엇으로 알아볼 수 있을까? 몬트리올 정상회의 이후에도 해답보다는 의문이 더 많다. 지금까지 분명한 사실은, 수천 년에 걸쳐 적극적으로 자연보호를 실행했던 사람들, 흔히 지방이나 토착 주민일 경우가 많은데, OECM은 이들을 인정하고 재정적 지원 가능성을 밝히고 있다는 점이다.

가령 가봉 같은 국가는 생물다양성이 풍부한 콩고분지에 속하며 이분지는 아마존에 이어 두 번째로 큰 우림인데, 30퍼센트 이상을 보호하는 것이 더 합당할지 모른다. 콩고분지에는 대략 400종의 포유류가 살고 있으며, 그 가운데 야생 코끼리·고릴라·침팬지가 있고, 1000종이나 되는 새들도 서식한다.[18] 세계은행 보고에 따르면 가봉에는 현재 면적의 22퍼센트가 보호구역이다.[19] 이는 전 세계 평균인 17퍼센트보다 많지만, 종의 풍부함과 그것이 전 세계 생물다양성에 주는 의미를 고려할 때 충분하지는 않다. 이런 배경에서 보면 40퍼센트나 그 이상을 보호한다 해도 이해가 된다. 물론 그곳에서도 열대 나무, 동물 상품, 지하자원과 연관된 경제적 이해관계가 있을 것이다. 이 말은 가봉이 자국의 소중한 숲을 훼손하지 않게 하려면 국제사회의 자금 지원을 통해 손실을 보상받아야 한다는 뜻이다. 국제사회가 자금 보상을 하는 대신에, 가봉이 좁은 구역만 이용할 수 있게 제한하고 보호구역을 30퍼센트로 정하지 않고 그 이상으로 정할 수 있게 하는 것이다. 이에 대한 보조금이 GBF 펀드에서 나올 수 있을까? 그리고 그 대신 다른 국가가 30퍼센트 이하여도 될까? 이는 전반적으로 기술적 측면에서 해명할 게 많다.

또 다른 예는 독일인데, 이곳은 현재 면적의 15퍼센트 이상이 '나투라 2000' 구역으로 보호되고 있다. 영해의 경우 70퍼센트가 보호구역인데, 인접한 배타적 경제 수역(연안에서 200해리까지)은 30퍼센트 이상이다.[20] 게다가 이곳에 서식하는 종의 다양성을 파악하기 위한 보호구역 지시사항, 관리 계획 및 데이터가 있다. 하지만 좀더 자세히 관찰해보면 이런 구역은 결코 서류에 나와 있는 것처럼 잘 보호되고 있지 않다. 2017년 자연보호를 담당하는 독일 관청은 북해의 해양보호구역 세 곳 모두에서 결함을 발견했다. 심지어 상당히 심각한 결함도 발견했는데, 그곳에 선박 운항을 허용한 것은 물론이고 저인망과 자망(刺網) 어획까지 허용했기 때문이다.[21] 그 이후 새로이 더 엄격한 명령이 내려졌다. 하지만 직업적 어획은 여전히 세 곳 모두에서, 취미 낚시는 세 곳 중 두 곳에서 허용되고 있다.[22] 심지어 바덴해 국립공원에서는 거의 모든 곳에서 물고기를 잡을 수 있다. 등록된 어선은 대략 280척으로 대부분 저인망으로 작업한다.[23, 24] 어떻게 그 유명한 보호구역—바덴해는 세계자연유산에 속하며 그곳 생태계는 지구상에서 유일무이하다—까지 이용할 수 있도록 타협할 수 있는 것일까? 그리고 독일은 여기서 국제적으로 어떤 모습으로 보일까? 이 사례는 공공연한 보호구역이라 해서 아무것도 약속해주지 못하며, 흔히 정상회의 문서에 나와 있듯 "효율적인 보호·관리"와는 상당히 동떨어져 있음을 보여준다.

몬트리올 합의에서 재생(목표 2)을 위한 목표는 그와 비슷하게 도전적인데, 이 목표는 토질이 떨어진 면적의 30퍼센트를 앞으로 7년 안에 재생한다는 구체적인 수치를 담고 있다. 그러니까 산림녹화나 재조림을 해야 한다. 이는 그 자체로 긍정적으로 평가할 수 있다. 그러나 토질이 떨어진 면적이란 도대체 어떤 토양을 말하는가? 그리고 재생을 언제 '효과적'이라 기술할 수 있는가? 여기서도 많은 의문이 남는다. 살충제 살포도 다소 모호하다(목표 7). 합의문에는 이렇게 적혀 있다. "살충제와 아주 유해한 화학물질의 위험은 최소한 절반으로 줄여야 한다." 이 말의 배경에는 어느 정도의 용량이 숨어 있을까? 사람들은 위험을 절반으로 줄일 수 있을까? 만일 그렇다면 어떻게? 그 밖에도 합의문 초안에는 농약과 같은 식물 병충해 방제 약품의 사용을 3분의 2가량 줄여야 한다는 내용이 있다. 이처럼 높은 목표치를 구체적으로 담은 문구는 빠지게 된다. 결국 농업 관련 규정(목표 10)은 이해하기 쉽지 않다. 다음과 같은 문장을 도대체 어떻게 이해해야 할까? 농지는 "……지속가능하게 관리되어야 하며, 특히 생물다양성의 지속가능한 사용을 통해 관리되어야 하는데, 무엇보다 생물다양성에 친화적인 실천을 함으로써 본질적으로 생물다양성을 증가시켜……."(목표 10)[25] 이 문장은 애매하며 실제로 아무런 뜻도 담고 있지 않다. 비록 생태농업이 전통적 농업과 비교하면 분명 생물다양성에 더 친화적이기는 하지만, 생태농업에 필요한 사항이 무엇인지 드러나 있지 않다.

마지막으로 복잡한 보조금에 대해 언급해야 한다(목표 18). 오히려 자연을 "훼손하는" 보조금 5000억 달러는 다른 부문에 쓰이거나 중단해야 한다. 이는 매우 환영할 만한 목표이기는 하지만, 어떤 보조금이 이렇듯 훼손하는 부문에 속한다는 말인가? 몇 가지는 즉각 나열할 수 있다. 즉, 엉뚱하게 격려한다고 잘못 들어가는 농업 부문 격려금 또는 기후변화를 더 가속화하고 생물다양성에 부정적으로 작용하는 화석 연료가 있다(4장 참조). 하지만 관용차, 정기승차권 사용자, 그리고 환경에 어느 정도 해를 입히는 바이오 연료에 대한 보조금은 어떤가?[26] 처음에는 구체적이고 이해할 수 있을 것 같았던 정상회의의 다양한 목표를 좀더 자세히 들여다보면, 어떻게 그런 목표들을 달성할 수 있을지 불명확하다. 그러니 목표들을 더 정교하게 서술할 필요가 있다.

모호한 경제 지침

유감스럽게도 자연을 가장 많이 이용하는 경제에 대한 지침은 혼란스럽고 불분명하다. 여기서 국가들은 "다국적 대기업과 금융기관"[27]에게 정기적으로 그들이 안게 될 위험, 종속성과 생물다양성에 미칠 작용에 대해 분명하게 알려줘야 하는 의무를 갖는다(목표 15). 어느 정도 규모의 기업이 여기에 해당되는지, 어느 정도 시간 주기로 알려줘야 하는지는 물론 규정되어 있지 않다. 자연의 손실이 경제에 위험을 가중시킨다는 사실을 적어도 몇몇 기업은 이미 인지했다(8장 참조). 스위스 다보스에서 열린 세계경제포럼의 보고에 따르면, 세계 경제 성과의 절반 이상이 자연의 쇠퇴로 인해 위험에 처해 있다. 이는 우리가 감히 상상할 수 없을 수준, 그러니까 매년 44조 달러에 달한다. 이에 상응해서 포럼은 다음과 같이 확언했다. "평상시와 다를 바 없는 행동(Business as usual)"에는 미래가 없다."[28]

금융계에서도 이와 비슷한 인식이 있다. 그래서 네덜란드와 프랑스의 국영은행들은 최근에 자연의 훼손으로 인해 발생하는 금융 위기를 계산했고,[29, 30] 이로부터 분명한 결과가 나왔다. 이에 따르면 프랑스의 경우 은행 분야의 상품 포트폴리오 40퍼센트 이상이 강력하게 또는 매우 강력하게 자연의 성과에 의존하고 있었다. 동시에 은행의 상품 포트폴리오들은 투자를 통해 매년 지구의 생물다양성을 파괴하고 있는데, 파리 면적의 48배에 달하는 수준이다. 따라서 금융 분야는 상응하는 위기로 인해 스스로를 위험하게 하고, 동시에 투자를 통해 생태계 파괴에 기여하는 셈이다. 그사이 은행가도 나서서 비판하는데, 가령 독일 정부가 소유한 독일재건은행(KfW) 은행장 슈테판 파이스(Stefan Peiß)가 그런 경우다. 2022년 여름, 그는 링크드인(Linkedin)에 기후 위기는 "많은 은행이 집중해야 하는" 주제가 되어야 맞으며 현재 많은 은행에서 위기관리로 통합하는 게 옳다고 썼다. 이와 달리 생물다양성 상실로 인한 위기들은 아직 적절한 "중요성과 우위를 점하지 못하고 있다." 이로부터 그는 다음과 같은 결론을 내린다. 금융 분야는 반드시 "자연으로 인해 생기는 위기를 직시하고 가능한 한 기후 위기 차원에서 위기관리 체계를 수립할 필요성이 있다."[31]

이제 은행들은 점점 더 기후에 대해 신경 쓰고 있지만, 자연에 대해서는 너무 신경을 쓰지 않는다. 이는 은행이 하는 투자에 적용되는데, 홍수는 사회간접자본을 파괴하고 은행이 예상해야 하는 구체적인 위기를 더 많아지게 하기 때문이다. 또한 은행의 금융상품에도 해당된다. 즉, 이른바 녹색채권(Green Bonds)의 공급은 지난 몇 년 동안 상당히 늘어났다. 그 같은 채권은 구조와 리스크 수준에 있어서 대체로 '정상' 채권과 구분되지 않으며, 물론 이론적으로 녹색채권은 지속가능하고 기후 친화적인 프로젝트에만 투자한다. "흔히 이와 같은 기후 보호 프로젝트와 환경 프로젝트는 풍력 발전 시설이나 에너지 효율이 좋은 건물"과 같다고 한 독일 저축은행은 밝힌다.[32] 이 시장은 지난 수년간 그야말로 폭발적으로 성장했다. 2010~2019년에 이 시장은 매년 2500억 달러로 100배 늘어났고[33] 2021년에는 4300억 달러 이상의 기록을 세웠다.[34] 녹색채권은 유행이 되었고,[35] 이익을 도모하는 투자은행들은 향후 전망도 장밋빛으로 보고 있다. 그들의 약속이 항상 지켜질지, 그러니까 '위장환경주의'는 아닐지 의심할 수 있지만, 어쨌거나 녹색채권은 올바르면서도 유망한 유행을 반영하는 것은 사실이다.

글로벌 랜드스케이프스 포럼이 룩셈부르크 그린 익스체인지 뱅크(Green Exchange Bank)와 함께 계산한 바에 따르면,[36] 생물다양성과 지속가능한 토지 이용이라는 주제는 여기서 거의 완전히 빠져 있으며 지금까지 이런 녹색채권 가운데 고작 3퍼센트만 차지한다. 대부분의 녹색채권은 지속가능한 에너지 분야와 운송 분야로 흘러들어간다. 두 기관은 그 원인을 다음과 같이 제시한다. 종 다양성과 자연보호는 쉽게 파악할 수 없고 그 효과도 측정하기 어려우며, 금융계가 결정을 내릴 때는 보고서가 필요한데 그러지도 못하기 때문이라는 것이다. 달리 표현하자면, 생물다양성은 아직 비즈니스 결정과 투자 결정의 일부에 속하지 않으며, 금융계에서 생물다양성이 마땅히 가져야 할 위상을 아직 가지지 못했다. 이에 따라 사람들은 몬트리올 정상회의가 보고서 제시, 정보 공개, 녹색 투자라는 방향에서 더 분명한 신호를 보내주기를 원했을지 모른다.

생물다양성과 기후: 복잡한 관계

마지막으로 정상회의 문서에는 근본적인 문제가 암시되어 있는데, 바로 생물다양성과 기후 보호 사이의 복잡한 관계(목표 8)에 관해서다. 물론 둘 사이의 관계는 이제 국제적으로 수용되고 있다. 하지만 예를 들어 알프레트베게너 연구소에 근무하고 정부간기후변화위원회(IPCC)에서 저자로 활약하는 한스오토 푀르트너(Hans-Otto Pörtner)가 알아낸 바와 같은 수준은 아직 아니다. "생물다양성 유지는 오랫동안 기후와 상관없어 보였고 독자적 주제였다. ……생물학이 기후로 인해 이 지구에서 일어나는 사건들에서 하나의 중요한 구성요소라는 통찰은 즉각 생겨난 게 아니라 수십 년의 세월이 흐르면서 생겨났다."[37] 하지만 오늘날 (화석에너지의 전면적 포기뿐 아니라) 생태계 보존이 기후 보호에 있어서 중요한 요소라는 사실은 의심할 여지가 없다. 그렇기에 예를 들어 미국 정부의 기후 대표인 존 케리(John Kerry)는 다음과 같이 말한다. "현재 자연은 기후변화에 맞서 싸울 때 우리의 가장 훌륭한 방어선이다."[38]

이산화탄소를 숲에서, 습지에서, 토양과 바다에서 자연적인 방법으로 더 많이 저장할수록, 이른바 '자연 기반 해결책'은 더 많아지고, 기후를 위해서도 더 좋다. 이미 오늘날에도 세계 기후 및 생물다양성 협의체의 계산에 따르면, 인간이 배출하는 이산화탄소의 절반가량을 이처럼 자연적 방식으로 다시 묶어둘 수 있다.[39] 이 수치는 자연을 훼손할수록 더 낮아질 것이고, 반대로 벌채를 제한하거나 토질이 나빠진 땅에 다시 나무를 심어 재생시키고, 마른 습지에 다시 물이 채워

지면, 다시 말해 "재생되면"(6장 참조), 수치는 올라갈 것이다. 흔히 이런 효과는 열대지방의 큰 새들과 포유류들 사례가 보여주듯이 간접적으로 나타나는 경우가 많다. 대형 동물들은 큰 과일과 씨를 삼킴으로써 고유한 나무 종들의 후손을 퍼뜨려주는 역할을 한다. 이 고유한 나무 종들은 평균적으로 더 많은 탄소를 저장할 수 있다. 만일 이 큰 동물들이 사냥을 당하거나 다른 방식으로 줄어들면, 촘촘하게 서 있는 나무들의 개체수가 줄어들면서 이산화탄소를 묶어두는 능력도 줄어든다.[40] 우리는 큰 새들과 포유류들을 보호함으로써 기후도 도울 수 있는 것이다.

하지만 기후와 생물다양성의 연관성은 아직 충분히 밝혀지지 않았으며, 몬트리올 합의문에서도 마찬가지다. 더 자세히 관찰할 때 그 연관성이 얼마나 복잡한지는 몇 년 전 큰 인기를 얻었던 ETH취리히(취리히연방공과대학)의 연구가 보여주었다.[41, 42] 즉, 이 연구에 따르면 나무를 다시 심는 재조림이야말로 기후변화에 맞서 싸울 수 있는 가장 효과적이고 훌륭한 수단이라는 것이다. 세계는 도시나 농업에 피해를 주지 않고도 숲을 3분의 1은 더 늘려도 된다고 한다. 이렇게 늘어난 숲은 인위적으로 기후를 훼손하는 이산화탄소 배출을 상당 부분 거둬들일 수 있다고 연구원들은 결론 내렸다. 그들은 모델을 만들어 계산해서 그 같은 결론에 도달했고, 동시에 새로운 숲이 될 잠재력 있는 구역을 직접 보여주었다.

인터넷 플랫폼, 신문과 라디오에 따르면 정치인들과 사회도 이제 안도의 한숨을 내쉬는 것 같다. 마침내 해결책이 생겼다고 믿고 싶은 듯하다. 그저 생각할 수 있는 모든 곳에 나무를 심고, 그러면 문제는 해결된다고 말이다. 물론 많은 사람이 더 읽어야 할 내용이 있다. 연구 보고서는 발전과 운송 같은 다른 분야의 이산화탄소 배출도 시종일관 줄여나가야 한다고 밝힌다. 달리 표현하자면, 나무와 숲이 중요하기는 하지만 그것은 해결책의 일부일 뿐이다. 우리는 숲에 나무를 다시 심고, 새로운 나무들이 이산화탄소를 저장할 테니 계속해서 화석연료를 태우려는 전략을 세우는데, 유감스럽게도 그렇게 해서는 문제가 해결되지 않는다.

여러 가지 이유에서 그렇다. 즉, 나중에 다른 과학자들이 비판하기는 했으나, ETH 연구원들이 실시했던 모의실험은 상당히 단순했으며 의문스러운 가정에서 출발해 결과를 도출했던 것이다. 예를 들어 이 연구는 현재 가축을 기르는 데 이용하고 있거나 주거지역인데도 앞으로 숲으로 변할 구역이라고 단정지었다.[43] 일반적으로 많은 전문가는 기후 조절 효과가 있는 재조림 기능을 중요하다고 인정하지만, 그 효과는 매우 다양하다고 본다.[44] 이산화탄소 저장 효과는 나무를 다시 심은 숲보다 원시림이 더 크며, 그래서 어떤 숲에서 벌목하고 다른 곳에 다시 나무를 심느니 기존 숲을 유지하는 편이 훨씬 유리하다.[45] 게다가 나무는 천천히 자란다. 나무를 심은 효과는 즉각 나타나지 않고, 세월이 지나서야 비로소 나타난다. 그리고 숲 또는 적어도 나무들이 장기간 보존되는 경우에 한해서 기후 조절 효과가 생긴다. 이러한 예가 보여주듯, '자연 기반 기여'는 포괄적 전략의 기초이기에 포기할 수 없지만, 기후 보호를 위해 온갖 문제를 해결하는 마법의 공식은 아니다.

윈−루즈와 루즈−루즈 접근법

그러나 가장 큰 문제는 자연 기반 해결책이라도 실제로 생물다양성에 항상 이롭지 않다는 데 있다.[46] 실제로 자연친화적이지 않은 조치들이 자연친화적인 것으로 취급되는 경우가 드물지 않다. 기후 보호에는 이롭지만 생물다양성에는 이롭지 않은 '윈−루즈(win-lose) 해결책'이 있다. 또는 더 나쁘게도, 처음에 봤을 때는 좋아 보이더라도 실제로는 해로운 '루즈−루즈(lose-lose) 해결책'도 있다.[47] 첫 번째 범주에는 바이오연료를 만드는 식물을 재배하라고 지원하는 일이 속한다. 화석연료를 줄이기 위해 옥수수·유채·팜유·사탕무에서 바이오연료의 재료를 얻는 경우다. 경작지에서 식탁에 오를 식량을 생산하는 대신, 비료를 잔뜩 뿌려서 기름 탱크를 위한 에너지를 생산하기에 여념이 없는 것이다. 그러니까 식량을 재배하거나 생물다양성을 보호하는 땅을 빼앗으려고 경쟁을 펼친다. 최악은 미국·브라질·인도네시아처럼 바이오연료를 생산하기 위해 생물 종과 탄소가 풍부한 우림을 파괴하는 경우다. 따라서 바이오연료는 식물 찌꺼기나 바이오 쓰레기로 만들어야지 유용식물로 만들어서는 안 된다. 심지어 바이오에너지를 위한 식물들이 중간 정도로 상승한 지구 온도만큼이나 생물다양성에 위협적이라는 사실을 보여주는 연구들도 있다.[48] 맨 처음에는 기후 보호를 위한 우수한 수단으로 보인 것도 실제로는 생물다양성을 죽이는 작용을 한다.

이보다 더 의심스러운 '루즈−루즈 해결책'으로는 종들이 풍부한 자연 서식지에 식물을 심는 행위로, 가령 초지나 사바나에 외래종인 유칼립투스나 소나무를 심는 것이다.[49] 이는 고유한 생물다양성을 지닌 자연 서식지를 파괴하는 행동이다. 왜냐하면 세간의 인식과 달리 사바나는 바짝 마른 황무지가 아니라, 비할 데 없는 동식물상을 지닌 채 태곳적부터 내려온 유일무이한 생태계이기 때문이다. 그렇듯 아프리카 사바나에는, 인간이 이미 수백 년 전에 도처에서 파괴해버렸지만 바라보면 숨 막힐 듯한 메가 동물상의 마지막 보루다. 막대한 외화를 벌어들이는 아프리카 자연 관광의 기반인 코끼리·기린·코뿔소·사자가 여기에 있다. 외래종 나무들은 생태계를 바꿔버린다. 그러면 코끼리·기린·코뿔소·영양이 그곳에서 살 수 없다. 반대로 유칼립투스와 소나무 대농장은 매우 적은 종들로 이루어져, 산불이 나면 빨리 타버린다. 게다가 그런 소나무나 유칼립투스는 오래된 나무가 아니다. 이는 탄소를 오래 묶어두지 않아서 기후 보호에도 지속적인 기여를 하지 못한다는 뜻이다. 그런데도 그런 재난과도 같은 재조림이 너무 많이 일어난다. 브라질의 세라도,[50] 콩고, 남아프리카 또는 아시아의 초원지대가 그런 곳들이다.[51] 나무 심는 일은 항상 의미 있진 않지만, 반대로 숲을 보존하는 일은 항상 의미 있다.

다행스럽게도 '윈-윈(win-win) 해결책'이 있지만, 바로 파악하기는 어렵다. 큰 새들은 숲 안에서 씨앗을 퍼뜨리는 데 중요한 역할을 할뿐 아니라, 숲의 한 곳에서 다른 곳으로, 제법 먼 거리까지 씨앗을 전파할 수 있다. 이를 통해 큰 새들은 다른 종들을 도와줄 수 있는데, 기후변화 시기에는 특히 그렇다. 많은 나무 종은 기온 상승 때문에 선호하는 틈새 기후를 찾아 '이사'를 가야 한다. 중부 유럽에 있는 종들은 살아남기 위해 북쪽으로 퍼져나가야 한다. 아프리카 남부에 있는 종들은 더 남쪽으로 이동해야 한다. 하지만 인간이 땅을 집약적으로 이용함으로써 자연 서식지는 점점 잘게 분할되어버렸다. 젠켄베르크 생물다양성 및 기후 연구센터와 막스플랑크 연구소가 GPS 데이터로 조류를 연구해 증명한 바에 따르면, 남아프리카에서 열매를 먹는 가장 큰 새인 나팔코뿔새의 도움으로 나무의 '이동'이 성공적이었다고 한다. 이 새들은 숲의 이곳저곳으로 씨앗을 옮겨 기후변화로 인한 환경 변화에도 나무들이 적응할 수 있는 가능성을 열어주었다.[52] 따라서 새들을 보호하고 무엇보다 큰 새들에 대한 사냥을 금지하는 것이 중요하다. 열매를 가장 많이 따먹는 새들이야말로 생태계의 기능과 적응력에서 중심 역할을 하고 그럼으로써 기후 안정화에 기여하는 유일무이한 핵심 종인 것이다.

이 사례는 종의 상실과 기후변화의 연관성이 지금까지 여러 측면에서 관심을 적게 받았다는 점을 보여준다. 이 둘은 서로 변화를 키워서 부정적 영향을 증폭시킬 수 있다. 극단적인 경우 더 이상 돌이킬 수 없는 티핑포인트를 불러올 수 있다. 하지만 이 같은 연관성은 지금까지 충분히 이용하지 못했던 대단한 기회가 될 수도 있다. 대체로 생물다양성은 거의 언제나 기후에 유용하지만, 생물다양성을 위한 기후 보호 조치가 모두 기후에 도움이 되지는 않는다. 그래서 이 두 주제를 과학과 정치, 실생활 등 모든 차원에서 가까이 끌어당기는 일이 중요할지 모른다. 그러지 않으면 정부간기후변화위원회와 생물다양성과학기구가 공히 확고하게 천명하듯이,[53] 둘 사이의 상호작용을 "불완전하게 인식하고, 이해하고, 처리하게" 될 위험이 있다. 하지만 두 영역은 아직도 서로 멀리 떨어져 있다. 이러한 결함을 교정하는 일에서 새로운 '글로벌 생물다양성 프레임워크'는 조심스러운 조언 정도로만 기여할 뿐이다.

이제 실천이 중요하다

간략히 말해서, 생물다양성을 위한 새로운 국제 규범은 결함이 있고 모호하지만, 추구하는 목표들은 전반적으로 매우 훌륭하며, 이전에 진전 없던 협상을 감안한다면 의심할 바 없이 돌파구를 마련했다고 볼 수 있다. 정상회의 합의문은 부분적으로 모호한 표현이 있지만 생물다양성을 위해 가장 중요한 사항을 모두 담았다. 이로써 몬트리올에서 하나의 단단한 기반을 마련한 셈이다. 그래도 이 합의가 지속적으로 효력을 발휘할지 여부는 앞으로의 실천에 달려 있다. 이제 다양한 차원에서 실천이 이루어져야 한다. 각국 대표들은 미결정 문제 일부를 전문가 위원회에 넘겼다.[54] 전문가들은 예를 들어 자연보호구역의 지정과 감독에 관한 다양한 지시사항을 개발해야 한다. 이 전문가 위원회가 어떻게 일하고, 그 결과가 얼마나 좋으며, 새로운 측정값이 얼마나 현실적인지는, 우리가 생물다양성을 보존하는 과제에 진전이 있는지에 의해 결정되며, 그리고 이런 진전을 얼마나 빨리 이루어내는지 여부에 의해 결정된다.

물론 개별 국가들에도 의문은 남는다. 합의문에 따르면, 각국은 23개 목표를 자국의 생물다양성 전략과 행동계획에 도입해야 하고, 그런 다음 2026년과 2029년에 자국의 성과를 유엔에 보고해야만 한다.[55] 그 보고를 바탕으로 유엔은 전 세계가 자연을 다루는 데 있어 어느 위치에 있는지 가늠하게 된다. 많은 국제 협상이 그렇듯 여기서 도 국가가 잘못된 행동을 했을 때 공동 제재 조치는 없다. 따라서 그 런 경우 대중이, 선도적인 국가나 역내 기구가 압력을 가하는 게 무 엇보다 중요하다.

EU는 여기서 먼저 시범을 보이는 기수 역할을 할 수 있는데, 이미 전 세계 다른 지역보다 목표를 명백하게 잘 표현하고 있는 까닭이다. 2020년 무렵부터 유럽 그린딜 정책이 시행되었는데, 유럽의 생물다 양성 전략도 여기에 속한다. EU는 이 정책에 이미―몬트리올 정상회 의보다 먼저―2030년까지 적어도 토지의 30퍼센트(지금까지는 26퍼센트) 와 바다의 30퍼센트(지금까지는 11퍼센트)를 보호하기로 결정했다.[56] 또 한 2030년까지 30억 그루의 나무를 심고, 바다 상태를 개선하며, 적 어도 강에 인접한 2만 5000킬로미터를 재생시키고 그린시티를 만드 는 목표도 세웠다. 그리고 화학비료 사용도 그때까지 절반으로 줄이 기로 했다. 나아가 농지의 25퍼센트를 생태학적/생물학적 방식으로 농사짓게 하고, 생태농업적 실천을 더 자주 더 많이 하도록 했다. 모 두 매우 바람직한 일이며, 몬트리올의 목표들을 분명 넘어서는 것이 기도 하다.

물론 EU 위원회는 우크라이나 전쟁에 대한 대응으로 환경과 생물 다양성 보호를 위해 이미 계획했던 농업 규정을 일부 완화하기로 했 다. 예를 들어 토양을 아끼고 보호하기 위해 해마다 곡물을 재배해선 안 된다는 규정이다. 또한 경작지의 4퍼센트는 휴경지로 두거나 꽃을 기르라는 규정도 있다. 이 모든 것은 2023년에 잠정 중단했는데, 우크라이나의 곡물이 EU와 다른 국가들로 수출되지 못하게 된 것을 보완하기 위해서다.[57, 58] 기아를 막기 위한 이 같은 조치는 한시적이어야 하는데, 생물다양성 손실에 맞서 싸우려면 더 이상 시간을 허비해선 안 되기 때문이다. 다음 기회에 EU는 자연보전에 기여할 뿐 아니라 다른 국가들의 본보기가 되고자 2030년까지 적극적으로 자신의 목표를 향해 나아가야 한다. EU가 앞서 나가지 않는다면, 다른 곳은 더 뒤처질 것이고, 그러면 몬트리올 합의문은 종이호랑이로 전락한다.

2010년, 국제사회는 세 가지 핵심 사안—생물다양성 보존, 지속가능한 이용, 이득의 공정한 분배—을 다듬어 이를 20가지 '아이치 목표'[59](회의가 열린 일본 아이치현에서 따온 이름)로 담아냈다. 이들 목표에는 무엇보다 2020년까지 사람들이 생물다양성의 가치를 인식해야 한다는 뜻이 들어 있다. 분명 제대로 이루어지진 못했다. 또한 생물다양성 감소가 2020년까지 멈추고, 자연 서식지 상실은 최소한 절반으로 줄여야 한다는 조항도 있었다. 물론 이상적으로는 0이 되어야겠지만 말이다. 어쨌든 우리는 이 같은 수준에서 멀어져 있으며, 어쩌면 과거 그 어느 때보다 그렇다. 오늘날 '아이치 목표'를 아는 이도 거의 없을 뿐 아니라, 전 세계적으로 볼 때 이 목표는 빗나가고 말았다.

야심 찬 목표와 계획은 실현되지 않았고, 다만 시행과 주류화(mainstreaming)만 중요한가 보다. 캐나다에서의 결의는 아이치 규정을 훨씬 넘어서며, 그런 점에서 생물다양성 보호의 역사에서 특별한 순간으로 볼 수 있다. 그토록 바라마지 않던 '몬트리올 순간'으로 말이다. 하지만 순간이란 눈 한 번 깜빡이는 것과 같으며, 지속되지도 머물지도 않는다. 이 말은 지금부터 일을 시작해야 한다는 뜻이다.

8

지식에서 행동으로

우리는 어떻게 방향을 전환할 수 있을까

구글에서 '재규어(Jaguar)'라는 단어를 검색하면, 영국의 고급 자동차 브랜드에 관한 수많은 정보를 찾을 수 있지만, 같은 이름의 큰 고양이과 동물에 관한 정보는 확실히 그보다 적다. 어쨌거나 검색창의 첫 페이지에서는 볼 수 없다. 재규어가 위험에 처해 있는데도, 이런 사실은 부정적 의미에서 보도 가치가 있을 뿐이다. 이 예는 의도적으로 강조된 것 같지만, 우리의 우선순위가 무엇인지 전형적으로 보여준다. 우리는 자연을 실로 무한히 이용할 수 있는 대상처럼 여긴다. 마치 가득 찬 냉장고처럼 문을 열고 무한히 꺼낼 수 있는 듯이 말이다. 이때 우리는 냉장고도 다시 채워 넣어야 한다는 사실을 잊어버린다. 우리는 주방에서처럼 어떤 재료나 음식이 사라지는 것을 빨리 알아차리지 못하는데, 전반적으로 주방에는 많은 것이 있고 사라지는 것은 살금살금 없어지기 때문이다. 여기에는 수천 헥타르에 달하는 숲이 있고, 저기에는 나비가 있으며, 여기에는 새 한 마리가 있고, 또 저기에는 개구리 한 마리가 있으며, 지리적으로도 경계가 있다. 게다가 하나의 종은 오늘 있다가 내일 사라지지는 않는다. 완전히 멸종하려면 수십 년이 걸릴 수 있다.

이 전체는 하나의 사건이 아니라 하나의 과정으로, 우리가 종의 풍부함을 전혀 확인하지 못하고 분류하지 않았기 때문에 위험을 쉽게 인지할 수 없는 것이다. 정확하게 알 수 없는 무언가를 제대로 평가하기란 어렵다. 그 대신 우리는 자연이란 항상 넘치게 존재한다고 믿는다. 그러나 겉으로 보이는 현상은 우리를 기만하며, 지각은 일그러져 있다. 왜냐하면 이산화탄소를 포함한 기후변화에서는 이를 바탕으로 각자에게 미칠 변화를 예측할 수 있지만 종의 소멸은 간단하게 파악할 수 없는 수준이기 때문이다. 유명한 제인 구달은 절망적으로 다음과 같이 질문했다. 어떻게 "지구상에 존재하는 가장 지적인 생물이 자신의 유일한 집을 파괴한단 말인가?"[1] 이 질문을 보충하자면, 생물다양성 보존을 의무가 아닌 선택사항으로, 존재에 필수적인 우선사항이 아니라 좋은 시절의 멋진 엑스트라로 간주할 수 있는 것일까?

이는 모순이다. 즉, 한편으로 위기를 감지하지 못하고 사소하다고 말하거나 전혀 주의를 기울이지 않는 반면, 다른 한편으로 기분 나쁜 숙명론이 널리 퍼져 있는 것이다. 우리가 정말 위기에 대응하고자 시도하기도 전에 많은 사람은 위기를 막을 수 있으리라는 희망을 잃어버린다. 오늘날 다음과 같은 말을 얼마나 자주 듣는가? "그렇게 해도 아무 소용 없어." "개인이 무엇을 더 할 수 있겠어?" 또는 이런 비난도 자주 들린다. "세상을 구할 수 있다고 믿는 순진한 사람들만 전환점이 있다고 믿지." 그러나 이런 비관적인 표현은 적절치 않다. 왜냐하면 실제로 겉보기에 피할 수 없어 보이는 일도 바꿀 기회가 있기 때문이다. 우리는 세상을 바꿀 수 있고 급격한 자연 파괴를 멈추고 심지어 방향을 거꾸로 돌릴 수도 있다. 이렇게 말할 수 있는 배경에는 다양한 미래 시나리오로 생물다양성을 실험한 과학적 연구들이 있다.

좋은 소식은, 우리가 다양한 차원에서 시도한다면 생물다양성 상실을 2030년까지 멈추게 할 수 있고 21세기 중반까지 멸종 증가 추세를 뒤집을 수도 있다는 것이다.[2] 이를 위해 본질적으로 세 가지 조치가 필요하다. 우선 더 넓고 잘 관리된 보호구역들이 있어야 하고, 보호와 지속가능한 이용에 합의하며, 토질이 악화된 땅을 대대적으로 재생해야 한다(6장 참조). 두 번째로 북반구의 많은 국가에서 이루어지는 산업화된 농업을 줄이고, 농업이 매우 비효율적인 국가들의 경우 과도한 비용을 들이지 않으면서 기존 경작지의 생산성을 높여야 한다(5장 참조). 세 번째로 소비자들의 태도가 바뀌어야 하는데, 음식을 덜 낭비하고 주로 식물로 영양을 섭취해야 한다(역시 5장 참조). 유감스럽게도 이 세 가지 가운데 하나만 실행해서는 부족하다. 우리는 라이프스타일 변화를 포함해 세 가지 모두 필요하다.

이것이 성공하려면—바로 여기에 불편한 부분이 있는데—근본적으로 사회적-생태학적 변환이 필요하다. 우리의 사고·정치·경제·법·교육 등에서 본질적 변화가 필요하며 그것도 전 세계적으로 그래야 한다. 이를 위해 정도의 차이는 있어도 모두가 참여해야 한다. 정치인·지식인·기업가·교사·과학자와 각 개인들, 그리고 직장에서,

여가시간에, 공적이든 사적이든 매일의 일상에서. 편안한 안락의자에 기대 정치인들의 무능함을 욕하는 것은 더 이상 적절하지 않다. 우리는 전 세계 어디에서든 지식에서 행동으로 나아가야 한다. 체계를 세우고 목표와 방향을 제시하는 정치가 핵심 기능을 한다는 점은 의심할 바 없다. 정치는 앞에서 언급한 세 가지 조치들을 보완하고 서로 상충하지 않도록 신경써야 한다. 정치는 인센티브 제도를 만들고 좋은 태도를 지원하며 본보기를 제시하지만, 필요하다면 분명히 체감할 수 있게 규제함으로써 자연의 손실에 대해 비용을 치르게 해야 한다. 그러나 이러한 차원에서 우리 모두는 모든 분야에서 그 누구도 몰랐다고 말해서는 안 된다는 요구를 받는다. 특히 다음에 나오는 주제와 영역이 핵심이다.

자연에 대한 이해를 재고하기

이는 과장과 무지 사이를 오가는 우리의 자연 이해에서 출발한다. 베른하르트 그르치멕(Bernhard Grzimek)이나 데이비드 애턴버러(David Attenborough)가 보여주는 풍성한 열대지방과 인상적인 사바나의 멋진 사진들이 자연에 대한 우리의 이해에 각인되어 있다. 그들의 노고는 의심의 여지가 없으며 우리를 많이 계몽시켰다. 그러나 그들이 우리의 거실로 보낸 것은 주로 자연 그 자체의 체험이 아니었을까? 대부분의 사진에는 사람을 찾아볼 수 없고, 우리 삶과 직접적인 연관성도 없으며, 인간과 자연의 관계가 얼마나 밀접한지 그리고 우리가 자연에 얼마나 의지하는지를 보여주지도 않는다. 그것들은 먼 세계에 대한 사진들이며, 물론 숨이 멎을 것 같은 광경이기는 하지만 우리와는 동떨어져 있고 약간 초현실적이기도 하다. 우리가 마주칠 일이 없으며 그래서 가보지도 못한 지역의 인상들이다. 이를 두고 기꺼이 '자연의 기적'이라 말할 수 있다. 또한 자연을 담은 사진과 그림은 자연의 아름다움과 외양상의 완벽함을 강조하지만, 피사체의 윤곽이 비현실적으로 부드럽게 묘사되고 부드러운 빛을 받으며 드러날 때도 드물지 않다. 야자나무나 바다 뒤로 지는 태양을 모르는 사람이 어디 있으며, 휴양지 안내서에 항상 나오는 폭포를 모르는 사람은 없다.

자연은 한편으로 미학·신비주의·초월성과 관련 있다. 다른 한편으로 자연은 언제든 마음대로 이용하고 다룰 수 있는 사물·대상·자원으로 비친다. 마트에서 파는 샐러드, 꽃집에 있는 장미, 수도꼭지에서 나오는 물과 같은 식이다. 여기서도 거리감이 지배적인데, 실용적이고도 무관심한 방식에서 그러하며, 인간을 다른 모든 생명체보다 격상시키는 인간상의 근거가 된다. 19세기와 20세기 초에 의사이자 동물학자인 에른스트 헤켈(Ernst Haeckel) 같은 인물은 생명의 계보를 소개했는데, 여기서 인간은 창조물 가운데 최종지점이자 정점에 위치해 있다. 생명의 계보는 간접적으로 아리스토텔레스와 자연의 서열에 관한 그의 '존재의 대사슬(scala naturae)'을 바탕으로 한다. 이와 동시에 지난 200년 동안 기업가적 결정에서 최상의 목표는 수익 최대화라고 보는 경제 체제가 발전했다. 마거릿 대처가 괴테 《파우스트》의 구절을 인용해 표현했듯이 말이다. "금을 향해 몰려가고, 모든 것이 금에 달려 있지." 게다가 생물다양성은 시장가치가 전혀 없는 공유재산이라는 생각이 지배적이었다. 이에 상응해 생물다양성 보호는 중요하게 여겨지지 않았고, 그리하여 지금까지 기업가적 결정에서 고려 대상이 되지 않았다. 자연을 위한 비용은 생물다양성 상실이나 환경오염처럼 기업가적 시각으로는 어떻게 되든 상관없지만, 반대로 다른 형태의 법과 규칙, 제재 조치를 통해 그 비용을 줄일 수는 있다.

아마도 이 양극단이 오늘날 우리가 자연에서 떨어져 있으면서 스스로를 자연의 일부로 보지 않는 이유일 것이다. 그러나 바로 우리는 일방적 관계―'자연은 인간을 위해 존재한다' 또는 '자연은 오로지 자신을 위해 존재한다'―를 확장하기 위해, 그리고 어느 정도 새로운 현실과 정상화로 넘어가기 위해, 자연이 있는 방향으로 가야만 한다. '사람을 위한 자연(nature-for-people)' 접근법은 '자연을 위한 자연(nature-for-nature)' 접근법과 마찬가지로 일방적이다. 우리가 지금까지 해왔듯 무분별한 개발을 더 이상 할 수 없으리라는 사실은 과학적으로도 논쟁의 여지가 없다. 그러나 우리가 무엇을 위해 자연을 보호하고 인간이 무엇을 해야 하는지는 여전히 모두에게 분명하지 않다. 무엇보다 우리는 수천 년 전부터 한 지역에서 살고 있는 공동체의 권리를 제한할 수 없다. 그리고 우리가 그곳에 들어가 체험해보지 않으면, '야생의 자연'을 소중히 여길 수 없다. 인간과 자연은 지극히 다양한 방식으로 서로 엮여 있으며, '자연과 문화의 얽힘(entanglement of nature and culture)'이라는 표현은 우리가 자연과 조화를 이루어 사는 것을 목표로 한다. 우리는 이를 다시 배워야 한다. 자연의 훼손을 멈추려면, 우리가 자연을 있는 그대로 관찰할 수 있도록 인식이 변해야 하고 새로운 사고 방식이 필요하다. 즉, 자연을 사물이 아닌 살아 있는 상대로 봐야 하며, 신성시할 필요도 없고 우리 인간이 자연의 일부이듯 자연을 우리의 일부로 봐야 한다.

생물다양성을 지속가능성 담론에 받아들이기

이를 위해서 본보기가 되는 지식인·영웅·예술가도 필요하다. 기후보호 활동에는 레오나르도 디카프리오, 윌리엄 왕자, 제인 폰다 같은 스타들이 꾸준히 참여하며, 독일의 경우 카롤린 케베쿠스(여성 코미디언), 요코 빈터샤이트(방송 진행자이자 배우), 안드레 쉬를레(전 축구선수), 뱌르네 메델(배우) 같은 이들이 있다. 또한 그사이 기후변화와 그 결과에 대한 책도 쏟아져 나왔으며, 심지어 '기후 픽션(climate fiction)'이라는 장르도 존재한다. 그런데 생물다양성을 위해 활동하는 스타들과 지식인은 도대체 어디에 있는가? 이 주제는 아직 문화적 영역 또는 지속가능성 담론에 포함되어 있지 않다. 지금이 바로 그럴 최적의 시기다. 이렇듯 생물다양성을 지속가능성 담론에 포함시키는 접근법은 의식을 전환하기 위해 포기할 수 없다. 교육자들, 교사들, 교수들 또는 기업가들과 정치인들의 의식 전환을 포기할 수 없듯이 말이다.

이에 관한 가히 환상적인 본보기가 있다. 가령 독일 슈바벤 지방의 중소도시 바크낭에 있는 플레지르(Plaisir) 학교 같은 자연학교들이다. 이 학교에서는 닭을 키우는데, 학생들이 책임과 애정을 갖고 기른다. 또한 로빈 월 키머러(Robin Wall Kimmerer)의 책 《향모를 땋으며》[3]도 있다. 이 책에서 작가는 식물의 능력과 식물의 가르침에 대해 쓰며, 독특한 방식으로 토착민의 지식과 과학적 인식을 결합한다. 이 책은 놀랍게도 베스트셀러가 되었고, 자연에 더 다가가고자 하는 갈망이 존재한다는 사실을 잘 보여주었다. 게다가 영어권에는 자연수필(nature writing) 장르가 있으며, 이 장르는 순수한 과학적 방법과는 확연히 차별화하면서 점점 더 관심을 끌고 있다. 2019~2020년 프랑크푸르트 예술협회에서 주최한 전시회 〈생명의 나무들〉과 〈식물의 지성〉도 특별히 강조하고 싶다. 이 전시회는 과학을 예술과 이어주고, 자연보호 옹호자들과 이어주었다. 그리고 영화 〈나의 문어 선생님(My Octopus Teacher)〉은 2021년 미국 아카데미상 다큐멘터리 부문에서 최우수상을 수상했다. 이 영화는 작가이자 영화감독인 크레이그 포스터(Craig Forster)가 남아프리카 다시마숲에서 문어와 맺은 관계를 묘사한다. 독일 영화평론 매체 필름딘스트(Filmdienst)는 이 영화를 다음과 같이 평가한다. "언뜻 보면 뻔한 자연 다큐멘터리로 보이지만, 자세히 들여다보면 인간이 만든 세계에서 인간은 어디에 배치되어 있는지 묻고 있다. 문어와 맺은 '치유' 관계를 통해 주인공은 자신을 발견할 뿐만 아니라, 다른 시각에서 인간과 동물의 관계를 발견한다."[4]

하지만 이는 칭찬할 만하지만 여전히 예외적인 경우일 따름이다. 세상의 종말 분위기 또는 거꾸로 밀교적 예찬 없이 자연을 현실적이고도 풍부하게 서술하는 일은 아직 매우 부족하며, 과학 외부에서 활동하는 이들을 포함해 행동가들 모두의 과제다. 왜냐하면 학문적 지식만 중요하진 않으며, 감정·관계, 그리고 인간과 자연에 대한 더 깊은 이해도 중요하기 때문이다. 생물다양성 보호와 유지는 머리를 통해 일어날 뿐 아니라 심장을 통해 일어나고, 우리가 원하면 심지어 영혼을 통해서도 일어난다. 지식에 감정이 더해질 때에야 비로소, 우리가 모든 감각을 동원해 주변에서 무슨 일이 일어나고 있는지 지각할 때에야 비로소, 생각도 바뀐다. 그러면 우리는 위기와 기회를 보고 이에 필요한 변화를 적극적으로 추진할 수 있다. 이는 학문보다는 다른 통로를 통하는 것이 가장 성공하기 쉽다. 이 통로는 상아탑을 멀찌감치 벗어나 대중과 더 강렬하게 교류해야 한다. 그래서 이런 사실을 잘 알고 타인들에게 전파해야 할 사람들과 기관과 언론은 자신들이 어떤 무대에 서 있든 상관없이 생물다양성이라는 주제를 강조해야만 한다. 정치적이든 문화적이든, 디지털 방식이든 아날로그 방식이든, 그 형식은 적극적 참여 자체보다 덜 중요하다. 지금까지 환경보호가라고 하면 라인홀트 메스너(Reinhold Messner) 같은 이를 떠올렸지만 그런 이미지를 보다 경쾌하고도 시대에 맞는 화법을 통해 생물다양성을 보완하려면 적극적 참여의 중요성을 인정해야 한다. 왜냐하면 유감스럽게도 다른 사람들을 매료시킬 수 있는 청소년 운동이 여기에는 빠져 있기 때문이다. 생물다양성이라는 주제에는 환상과 창의력이 무한하게 필요하며, 무엇보다 정치인들이 행동에 나서도록 하는 게 중요하기 때문이다.

정치적 조건 변경하기

정치는 사회적-생태학적 변형 과정의 틀을 마련해야 한다. 전 세계적 차원에서 보면 야심 찬 규정이 부족하진 않았는데, 2010년 '아이치 목표'⁵는 이를 정식화했다. 2022년 말에는 '글로벌 생물다양성 프레임 워크'⁶의 23개 목표가 몬트리올에서 확정되었다. 적어도 2020년까지 10년간은 잘 실행되지 않았다. '아이치 목표'는 대체로 달성되지 못했다. 특히 땅을 이용하는 방식에서 그랬다. 구체적으로 보면, 숲과 사바나 같은 자연 지대가 더욱 많이 사라지면서 집약적 농업에 활용되었다(5장 참조). 몬트리올에서 국제사회는 야심 찬 기본 틀에 합의했지만(7장 참조), 모두 알다시피 종이는 참을성이 많다. 특히 거의 80년 역사를 지닌 국제기구 유엔의 문서도 참을성이 많다. 그렇기에 정상회의 합의문을 지역이나 국가 차원의 법·명령·규칙으로 지정하는 게 중요하다. 몬트리올 합의문에 나와 있듯, "국가의 생물다양성 전략과 행동계획"⁷으로 바꿔야 한다. 이를 위해서는 압력, 특히 대중의 압력이 필요하다. 그래서 앞에서 서술한 것처럼 인식 변화가 중요한 것이다.

가장 폭넓은 변화는 EU에서 그린딜과 그 생물다양성 전략을 통해 모색하는 과정으로, 이에 따르면 가령 수십억 그루의 나무를 심고 수천 킬로미터의 강을 재생하여 자연보호를 강화해야 한다. 만일 이 모든 것을 실현한다면, 최소한 하나의 대륙에서는 생물다양성에서 많은 소득을 얻을 수 있다. 이로써 유럽은 나머지 세계의 선두에 나서는 중요한 기수 역할을 할지도 모른다.

수년 전에 스웨덴·노르웨이·독일이 재생에너지 확대에서 앞장을 섰던 것처럼 말이다. 그사이 135개국 이상⁸이, 향후 10년 안에 재생에너지로 전환함으로써 배출량을 0으로 만들겠다는 목표를 정했다. 그런 도미노 효과가 생물다양성에서도 지금 필요하다. 물론 그에 상응하는 재정 지원이 있어야 가능할 것이다. 재정 적자는 유엔 보고에 따르면 매년 7000억 달러에 달한다.[9] 아무리 계산을 해봐도 세계는 이와 같은 적자 금액을 메꾸기에는 불가능해 보인다.

올바른 인센티브 제공

이러한 전환에서는 경제가 두드러진 역할을 한다. 농업—농업과 관련해서 떠올려보면, 관습적 농업 축소, 화학비료 및 살충제 사용 줄이기, 유기농 재배 확대, 휴경지 늘리기가 있다—과 자연보호구역 지정뿐 아니라, 개발도상국에 대한 전환 자금 제공에서도 그렇다. 지금까지 경제는 생물권과 상관없이 작동해왔고 생물권이 제공하는 자원을 제한 없이 이용했다. 그런데 〈보난자(Bonanza)〉(1959~1973년 방영한 서부극 형식의 미국 TV 드라마. 제목은 '노다지'라는 뜻—옮긴이)는 곧 끝날 것이고 경제도 환경을 희생시키며 계속해서 성공을 거둘 수는 없다는 인식이 확산되고 있다. 다보스에서 열린 세계경제포럼이 그렇게 예상했는데, 전 세계 경제 성과의 절반이 자연 파괴로 인해 위험에 처할 것이라고 한다.[10] 이때 지속적으로 자연을 과도하게 이용한 행동을 기술적·제도적 효율성 증가를 통해 일부 상쇄하고자 한다. 이보다 훨씬 중요한 것은 지구의 조건 안에서 살아가고, 자연자본을 보호구역과 재생을 통해 그리고 전반적으로 소비를 줄임으로써 다시 늘려가자는 것이다. 정치계가 구체적 조치를 통해 엄호해주는 태도도 바로 이 같은 인식 과정을 인정해주는 것이다.

보조금은 바로 그러한 가능성을 제공한다. 보조금은 하나의 강력한 인센티브이자 조종 장치다. EU에서만 해도 600억 달러가 농업에 흘러들어가는데, 이 금액은 EU 예산에서 가장 큰 액수다.[11] 전 세계로 놓고 보면 매년 농업 부문에 흘러들어가는 보조금이 대략 7000억 달러에 달한다.[12] 어업에는 350억 달러가 들어간다.[13] 하지만 이러한 보조금에서 아주 많은 금액이 대체로 소중하게 보호해야 하는 생산 방식이 아닌 곳, 그러니까 전통적이고 산업적인 농업과 어업을 지원하는데, 결국 자연 파괴에 도움을 주는 셈이라 할 수 있다. 게다가 국가들은 말도 안 되게 많은 돈, 그러니까 매년 5조 2000억 이상의 보조금을 자연 훼손 사업인 화석에너지에 쏟아붓는다.[14] 그리고 이 보조금 액수는 가스와 석유 가격이 기록적으로 올랐던 시기 이전에 많은 국가가 시민들을 위한 원조 지원안을 마련하기 전에 정해진 것이다. 하지만 화석에너지 자원은 기후변화를 더욱 악화시키고, 그리하여 농업을 제외하면 생물다양성을 가장 많이 파괴하는 원인이다. 국가에서 자연 파괴를 막는 게 아니라 엄청난 비용을 들여 이를 지원하는 상황이다. 이처럼 잘못 지원하는 공공 보조금으로 인해 전 세계적으로 어마어마한 훼손이 일어나고 있다. 반대로 인류가 자연적인 삶의 근간을 보호하기 위해 지출하는 돈은 매년 780억~1430억 달러다. 이는 전 세계 경제 성과의 0.1퍼센트에 불과하다.[15, 16] 적어도 자연 훼손에 쓰이는 지원금의 일부라도 동결하거나 줄인다면, 엄청난 금액이 생물다양성 지원을 위해—글로벌 사우스에—지출될 수 있다. 예를 들어 자연보호구역이나 생태농업, 재생에너지 시설 건설에 쓰일 수 있는 것이다.

진짜 비용 공개하기

게다가 자연에 대한 비용을 제품 가격에 미리 반영하는 것도 중요하다. 오늘날 재료비·생산비·인건비는 시장가격에 포함되지만, 제품이 자연에 남기는 흔적은 가격에 포함되지 않는다. 이런 비용은 보아하니 무료인 것 같다. 한 농부가 옥수수 농사를 지으면서 화학비료와 살충제를 투입한다면, 이를 구매해야 할 것이다. 그런데 생태학적 비용은 다른 사람들, 흔히 일반 대중이 감당한다. 비료에 들어 있는 질산염이 지하수에 흘러들면, 오염된 물을 정수하는 작업은 급수시설의 몫이 된다. 즉, 납세자들의 몫인 것이다. 식물에 뿌리는 살충제가 야생 벌처럼 수분을 담당하는 생명체를 죽음으로 몰고 가는 원인 가운데 하나라면, 이는 사과 대농장 소유주에게 부담이 될 수 있다. 그 때문에 농장주들은 사과나무의 수분을 위해 벌통을 몇 개 빌려야 할지도 모른다. 그렇듯 생태학적 비용은 원인 제공자가 아니라 대체로 다른 사람들이 떠안게 되고, 극단적으로는 다음 세대가 떠안게 된다. 아무것도 변하지 않는다면, 어느 날 이 다음 세대는 다양성이 줄어들고 생태계 서비스도 줄어든 상태에서 살아야만 한다. 세계의 다른 편에 사는 사람들이 비용을 떠안는 경우도 흔하다. 우리가 슈퍼마켓에서 저렴한 돼지고기를 사면, 그 제품 가격은 다음 사항을 반영하지 않는다. 즉, 돼지들에게 브라질산 콩으로 만든 사료를 주고, 콩 재배는 엄청난 생태계 훼손을 남기는데, 예를 들어 토양 황폐, 오염된 지하수, 우림 벌목, 지역 기후의 변화, 수분을 해주는 종 부족 등등이다. 실제로 독일은 브라질에 보조금을 지급한다. 그 반대가 아니다. 모든 비용을 고려한다면, 콩은 세계 시장에서 실제 가치에 비해 너무 싸기 때문이다.

따라서 시장 가격에 전체 비용을 반영하고 외부 비용을 내부화할 필요가 있다. 슈퍼마켓 체인 페니(Penny)는 이를 실험해서 전체 비용을 계산해보았다.[17] 그러자 다른 가격이 산출되었는데, 관습적 방식으로 생산된 돼지고기와 쇠고기를 혼합한 다진 고기 1파운드는 2.79유로가 아니라 7.62유로가 되었으며, 이는 173퍼센트의 가격 상승이다. 생태적 방식으로 생산된 고기는 4.5유로가 아니라 10.18유로를 지불해야 하며, 이는 126퍼센트 상승한 가격이다. 과일과 야채의 추가 비용은 훨씬 적다. 관습적으로 재배한 바나나에 환경비용을 반영하면 '고작' 19퍼센트 정도 비싸진다. 감자와 토마토는 12퍼센트 비싸지며, 심지어 사과는 겨우 8퍼센트 비싸진다. 생태적으로 재배한 바나나의 경우 9퍼센트 이득이고, 토마토는 5퍼센트, 사과는 4퍼센트 이득이 된다. 이 예들은 우선 생태적 재배가 비료를 많이 사용하는 재래식 재배에 비해 사회적 비용이 덜 든다는 사실을 보여준다. 두 번째로, 음식이 더 비싸지지만, 식물성 음식은 조금만 비싸질 뿐이다. 식물성 음식은 어차피 미래에는 우리의 주식이 될 영역이다.

그런데도 자연을 사용한 가격이 현실적으로 반영되지 않고 무료여서는 안 된다는 점은 분명하다. 과학적 시각에서 보면 그것이 곧 미래의 일인데, 우리가 지금처럼 계속해서 경제활동을 한다면 가격은 올라갈 것이기 때문이다. 생물다양성을 낭비해 부족해지면 우리는 훗날 부족한 것을 위해 비싼 돈을 지불해야 할 것이다. 따라서 가능한 빨리 전체 비용을 가격에 반영하고 이를 통해 지속가능한, 정직하고도 정당한 시스템을 구축하는 편이 훨씬 더 현명하다. 경제적 부담을 질 수 없는 한계에 이른 사람들은 국가가 도와야 한다. 그러나 지금까지 해왔듯이 계속하는 것은, 영국 경제학자 파르타 다스굽타(Partha Dasgupta)가 2021년 인상적인 보고서 《생물다양성 경제》에서 보여주었듯,[18] 자살행위일 뿐 아니라 경제적으로도 불합리하다. 그의 견해에 따르면 경제는 마침내 무제한이 아니라 생물권에 의해 제한적으로 자연을 이용해야 하고, 그 자연 이용을 결산 보고서에 미리 가격으로 반영해야 한다는 사실을 고려해야만 한다. 국가 경제가 자신의 경제력을 계산할 때처럼 말이다.

정작 제품의 전체 비용을 계산하는 일은 물론 방법상으로 매우 어렵고 매우 불확실하기도 하다. 예를 들어 슈퍼마켓 체인 페니가 계산할 때는 이산화탄소 배출량, 질산염과 질소 투입, 에너지 수요와 토지 이용 변경, 사료용 곡물 재배를 위한 우림 훼손을 고려했다. 하지만 생물다양성 상실로 인한 비용은 포함하지 않았다. 한편으로는 아직 보편적으로 유효한 수치가 없기 때문이며, 다른 한편으로는 자연이 이룬 개별적 성과, 예를 들어 수분을 담당하는 생물[19, 20, 21]이 해낸 성과를 유로와 달러로 계산할 수 없기 때문이다. 외부 비용을 최소한 부분적으로나마 반영하기 위해, 자연의 성과에 대한 '가격표'가 필요하다. 그와 같은 접근법과 시스템을 개발하고 사용하려면 앞으로 몇 년은 걸릴 것이고 정치가 이를 지원해야 할 것이다. 그동안 소비자들은 바이오 인증서가 있는 제품을 구입하는 것으로 만족해야 한다. 유기농 협회에서 교부하는 라벨이나 EU 유기농 로고는 해당 제품이 생태적 재배를 통해 생산되었다는 사실을 말해준다. 평균적으로 생물다양성에 더 이로우며 그렇기에 특별히 가치 있는 식품이라고 말해주는 것이다.

기업에 보고 의무 도입하기

앞으로는 기업에 자연보호 보고 의무를 부과하는 새로운 기준이 특별한 역할을 할 수 있을 것이다. KPMG 인터내셔널(회계와 컨설팅을 주로 하는 다국적 기업—옮긴이)은 분석[22]을 통해 그런 기준을 요구하는데, 사기업 부문의 건전한 자체 이익을 고려해서다. 그들의 분석 보고서에 따르면 전 세계 250개 대기업 가운데 절반 이하가 자연 훼손을 이미 비즈니스 위험요소로 인지하고 있었다. 이제는 심지어 사기업에서 그같은 기준을 도입해달라고 정치권에 직접 요구한다. 330개 기업은, 그중에는 이름이 잘 알려진 이케아, 네슬레, 유니레버, 그리고 프랑스 최대은행 BNP파리바 그룹도 있는데, '의무화하자(Make it Mandatory)' 운동에 동참했다.[23] 이들의 생각은 지금까지 생태적·사회적 지속가능성과 관련해 나온 보고들을 확장하는 것이다. 우리에게는 특히 EU 차원에서의 행동이 중요하다. 구체적 사례로 유럽재무보고자문그룹(European Financial Reporting Advisory Group, EFRAG)은 특히 생물다양성과 생태계에 관한 보고 기준을 마련하고 규정을 제정하고 있다.[24, 25, 26] EU가 2023년 중반으로 예정된 이 제안을 받아들인다면, 언젠가 직원 250명 이상에 매출 4000만 유로 이상인 EU 소속 모든 기업이 기준에 따라 매년 보고 의무를 갖게 될 것이다.[27]

우선 기업들은 사라지는 생물다양성과 생태계로 인해 기업이 처하게 된 위험을 보고해야 한다. 반대로 생물다양성이 다시 풍부해진다면 어떤 기회가 열릴 것인지에 대해서도 보고해야 한다. 예를 들어 어떤 회사가 자리한 인도네시아의 건물은 맹그로브 숲의 파괴로 해일이나 쓰나미가 일어났을 때 무너질 수 있다. 또한 기업은 소비자들의 태도 변화가 일어났거나 예상될 때도 이를 보고해야 한다. 가령 소비자들은 팜유가 함유된 초콜릿을 거부할 수도 있다. 이와 동시에—어쩌면 더 중요할 수 있는데—생물다양성과 생태계에 미치는 기업의 영향을 분석하고 제시하는 의무를 지게 될 수도 있다. 공장뿐 아니라 가치사슬(value chain) 전반에 걸쳐서인데, '위로는' 부품 납품업자와 생산자에서 '아래로는' 소비자들에 이르기까지다. 기업은 재화를 생산함으로써 어떤 결과가 초래될지에 대해 자세한 정보를 제공해야 한다는 것이다. 이를테면 소시지에 들어갈 돼지에게 먹이는 콩 사료가 브라질의 산림 파괴를 초래하는지 아닌지를 보여줘야 한다. 또는 소시지 포장재가 재활용 또는 재사용 가능한지도 보여줘야 한다. 이는 경제가 수익만을 노리고 지금껏 정당화에 대한 압박을 전혀 받지 않던 현재 체제에서는 진정한 패러다임 전환이다.

여기서 유럽 국가들이 좋은 본보기를 보이며 앞장설 수 있다. 이와 같은 유형의 보고는 지속적으로 자연을 보존하고 증진하는 효과가 있기에 가히 이상적이며 가능하면 전 세계에서 활용해야 한다. 그래야 몇몇 회사는 그런 지시를 따르지만, 다른 회사들은 따르지 않는 이른바 '자연 떠넘기기(nature dumping)' 경쟁이 없을 것이기 때문이다. 그 같은 보고 시스템이 당장 전 세계에 도입되지는 않더라도, EU에서 먼저 시작해볼 수는 있다. 국제적 차원에서도 최초의 움직임이 있다. 국제지속가능성기준위원회(International Sustainability Standards Board, ISSB)는 이미 기후 관련 보고의 기준을 소개했다.[28] 이제 생물다양성과 생태계 주제에서도 비슷한 내용을 논의하고 준비하고 있다.[29] 이를 통해 시각이 바뀔 것이고, 생물다양성 주제는 또 다른 위상을 갖고, 더 주목받으며 모든 사람의 입에 오르내릴 수 있을 것이다.

디지털 활용

생물다양성에 이로운 방향으로 로봇과 디지털 기술을 활용할 가능성에 있어서 세계는 그야말로 초기 단계에 있다. 하지만 그 가능성은 무궁무진하다.[30] 예를 들어 농업은 드론을 통해 유기농 작물을 보호할수 있다. 그러니까 매우 널리 퍼져 있는 해충 가운데 하나인 조명나방 애벌레를 퇴치하는 데 유용한 곤충인 맵시벌(번식을 위해 나비류의 유충이나 번데기에 기생하는 벌—옮긴이)을 드론으로 퍼뜨릴 수 있다. 또는 드론으로 풀을 베기 전에 새끼 노루가 초원에 있는지 탐색하고, 위에서 사진을 찍어 농작물 잎의 색깔로 비료가 필요한지 판단하거나 곡식에 균류가 습격했는지 알아낼 수 있다. 또한 땅에서는 센서로 식물 성장 정도를 파악할 수 있고, 비료를 넓은 면적에 대대적으로 뿌리는 게 아니라 필요한 만큼만 정확하게 쓰도록 계산해낼 수도 있다. 정밀농업은 경작지를 한층 정교하게 관리하고 에너지를 절약할 뿐 아니라, 물과 비료, 살충제 사용도 조절할 수 있게 한다. 그러면 필요한 곳에만 비료와 살충제를 사용할 수 있어 수확량을 올리면서도 환경을 보호한다.

이제 세계 어디서나 사용할 수 있는 앱(애플리케이션)들과 연계해 생태적 잠재력은 엄청나게 커질 수 있다. 즉, 해충을 확인하면 신호를 보내는 소프트웨어부터 위험한 날씨일 때 경고를 보내는 시스템까지. 기온과 강수량 안내는 농사를 지을 때, 예를 들어 수확하고 저장하고 판매하기 가장 좋은 시점을 아는 데 도움이 된다. 또한 데이터를 연계하면 수확할 때도 디지털 기술의 도움을 받을 수 있다. 즉, 이상적으로는 하베스터(수확기)가 측정한 수치를 컴퓨터에 전송하고, 이에 따라 트레일러가 운송 준비를 정확히 마치면 수확 과정이 착착 진행될 수 있다.[31] 이처럼 첨단기술을 이용한 농사법은 현실적으로 봤을 때 개발도상국과 소농의 경우 바로 도입하지는 못하겠지만, 그곳에서도 앱들은 중요한 도움을 제공할 수 있다. 게다가 아프리카에서는 지난 수년 동안 핸드폰 보급이 폭발적으로 늘어났고 성인들 가운데 핸드폰 이용자가 75퍼센트에 달한다. 남아프리카공화국 같은 일부 국가의 경우에는 90퍼센트가 넘는다.[32]

지구관측프로그램(Earth Observation Programmes)은 전체 경관, 숲, 경작지, 강, 호수와 해양구역을 스캔해서 자동 분류할 수 있다. 이는 한 지역의 특징을 파악하고 그 정보를 자연보호나 농업에 이용하는 데 도움이 된다. 그렇듯 위성의 도움으로 얻은 데이터는 금지 구역에서의 벌채나 어획 같은 불법 행동을 찾아낼 때 중요한 자료가 된다. 심지어 페루에서는 '나무 식별 카드'를 실험했는데, 카드에 디지털 코드를 넣어 모든 나무를 분명하게 확인할 수 있고 나무를 스캔하면 어디서 왔으며 합법적으로 베었는지도 확인할 수 있다. 남아메리카에서는 2015년부터 나무를 추적할 수 있도록 나무에 심는 바코드를 의무화했다. 'DataBOSQUE(데이터 숲)'[33, 34]라는 이름의 소프트웨어로 숲에서 제재소까지 전 과정을 기록할 수 있다. 그리고 이것이 전부가 아니다. 즉, 이것으로 기계의 투입이나 온실가스 소비에 대해서도 계산할 수 있다. 페루 산림청이 소프트웨어를 무료로 다운받아 쓸 수 있게 제공해, 숲을 관리할 때 초기 투자비용도 없다. 이는 디지털화가 어떻게 생태계와 종의 보호를 고무할 수 있는지 보여주는 몇 가지 예에 불과하다. 여기서 국가들은 그에 상응하는 프로그램 개발을 지원하고 널리 퍼뜨리며, 기술을 발전시키고, IT 전문가들을 양성해야 하는 책임이 있다. 또한 경제는 그런 프로그램을 땅과 물, 공기에 사용하고 사업 활동에도 통합시켜야 한다. 마지막으로 개발자들은 그와 같은 새로운 프로그램을 개발하라는 요구를 받는다.

새로운 금융상품

지속가능한 금융상품이 유행하고 있으며, 이는 지속가능성이라는 이유에서는 물론이고 수익을 올릴 수 있다는 생각에서다. 이 시장은 폭발적으로 성장하고 있다. 그 채권 대부분은 지속가능한 에너지 부문과 운송 부문으로 뻗어 있다. 예를 들어 풍력단지, 태양광 시설 및 대중교통이다. 생물다양성 주제는 아직 비중이 적으며 현재 지속가능한 채권 시장의 3퍼센트만 차지한다.[35] 이 영역이 성장해야 한다. 즉,

금융상품들은 국립공원에 집중하거나 지속가능한 농업·임업·어업에 투자할 수 있다. 이런 시장은 자발적으로 커지지는 못할 것이다. 그렇기에 국내외에서 국가 차원의 후원 프로젝트가 필요하다. 세계은행은 2022년 국제부흥개발은행(IBRD)과 함께 이른바 '코뿔소 채권(Rhino Bond)'을 내놓았는데, 1억 5000만 달러에 상당하는 채권이다.[36, 37] 개인 투자자들은 남아프리카에 사는 검은코뿔소를 보호하고 개체수를 늘리고자 여기에 후원했다. 그 이전에 시장에 내놓아 성공을 거둔 사례를 보면, 알파보존(conservation alpha: 전문가들이 모여 자연보존을 보다 효율적으로 할 수 있는 솔루션 등을 제공하는 회사—옮긴이)과 런던동물학회가 독립적으로 보증한 것으로, 투자자들은 공적 펀드로부터 3.7~9.2퍼센트에 달하는 배당을 얻었다. 개체수가 회복되지 않으면 배당은 없다. 이렇게 해서 국고보조금과 상당한 민간 자금이 자연보호에 동원되고, 결국 검은코뿔소 수는 최소 4퍼센트 늘어났다.[38] 이 펀드는 이런 종류로는 최초로 전 세계에 팔렸으며, 본보기가 되어야 한다. 세계은행 보고에 따르면 이러한 구상을 다른 동물과 생태계에 쉽게 적용할 수 있다. 이 부분에 있어서 세계는 아직 시작 단계에 있으며, 국영 및 민간 은행들의 참여와 창의력이 필요한 시점이다.

판결에 순응하기

허가 없이 나무를 베고, 스라소니를 총으로 쏘고, 물고기를 불법으로 잡고, 강물을 오염시켜 그곳의 다양한 종들을 급감시키며, 보호받는

앵무새를 거래하는 일, 이같이 생물다양성을 위한 과제를 어기는 위반들은 그저 비신사적 행동으로 여기지 말고 법치국가에서 그에 상응하는 벌을 받아야 한다. 이는 분명하며, 판결도 시대 변화를 고려해 진화해가야 하고, 자연에 대한 문제와 자연을 다루는 사건이 점점 많아져야 할 것이다. 가령 나투라 2000 구역에 있는 대단히 오래된 너도밤나무를 베어낼지 말지 같은 사안이다. 이는 독일의 숲에서는 드물지 않게 일어난다. 하지만 그런 거대한 나무를 베어내면, 이 나무와 함께 그리고 나무 덕분에 살아가던 주변 종들이 위험해진다. 예를 들어 서식지로 천연림을 선호하는 서부바르바스텔레박쥐가 있다. 동식물 서식지이자 조류 보호구역인 라이프치히 강가 활엽수 숲의 경우에는 작센주 상급 행정 재판소가 최근 한 판결에서 그 신호탄을 쏘아 올렸다.[39, 40] 그러니까 벌목이 보호받는 종들과 서식지에 어떤 영향을 주는지 신뢰할 수 있는 조사를 통해 분명히 밝혀지지 않는 한, 나무를 베어서는 안 된다는 판결이었다. 이 판결에서 나온 원칙은 앞으로 산림경영 계획을 세울 때 고려되어야 하며, 공인된 환경단체와 자연보호단체도 이 원칙을 고려해야 할 것이다.

우리 환경에 관한 판결도 시대의 변화에 순응할 수 있다는 사실은 2021년 기후 보호에 관해 독일 헌법재판소가 내린 획기적인 판결에서 보여주었다.[41, 42] 여기서 판사들은 2019년의 독일 기후보호법이 부분적으로 기본법과 일치하지 않는다고 판결했다. 2031년 이후 배출량을 줄이기 위한 충분한 지시사항이 빠져 있다는 것이다. 기후보호법은 기후 보호 조치를 2030년까지만 담고 있기 때문에, 배출량 목표를 유지하는 데 필요한 조치들이 그 이후까지 미뤄져야 하며 결국 젊은 세대에게 더 많은 부담을 안겨줄 수 있다는 말이다. 지구 온도가 1.5~2도 올라가는 것을 국제사회가 파리에서 합의했고, 과학자들도 이를 권고했으며, 독일 의회도 이를 여러 차례 지지했다.[43] 그런데 이런 온도 상승은 무자비한 조치들로 더욱 단기간에 현실화할 수도 있다. 이렇게 되면 불만을 선도적으로 표출한 일부 젊은이들의 시민 자유권이 훼손될 수 있다. 자연보호와 관계가 없지만 결국에는 자연보호에 상응하는 판결도 있다. 또한 그와 비슷하게, 종들과 생태계가 계속해서 줄어들 때 이를 바꾸고자 하는 노력은 다음 세대로 넘어가 이들이 과도한 부담을 질 수 있고 그리하여 이들의 권리가 제한될 수 있다는 판결이 내려질 수도 있다. 종의 소멸은 특별한 의미를 가지는데, 멸종을 되돌릴 수 없는 탓에 모든 다음 세대에게 물질적·비물질적 손실을 안겨줄 것이기 때문이다. 어쨌거나 입법자들과 법원은 이 주제에 대한 논의에 착수하는 것이 중요하다. 자연을 보는 법의 시각이 바뀌듯, 자연과 관련된 불평과 고소도 법원에 들어올 테니까 말이다.

이와 관련하여 흥미롭고 새로운 접근법이 토착 공동체가 많은 국가들에서 나오는데, 그런 예로 자연을 권리 주체로 인정한 에콰도르가 있다. 이 나라의 헌법 71조는 다음과 같다. "자연 또는 파차마마(Pachamama, 대지의 어머니)는, 여기서 모든 생명이 거듭나고 실현되는바, 그 존재할 권리는 물론 생명 순환의 유지와 재생이 충분히 존중받을 권리가 있다."[44, 45] 그리고 "모든 사람은 …… 공적 권력에게 자연의 권리를 보존하라고 요구할 수 있다……"[46] 이는 언제나 자연에게 우선권을 준다는 뜻이 아니다. 법정에서 사회적 이해관계나 경제적 이해관계와 갈등을 빚을 때 자연이 자동으로 승리를 거두지는 않는다.[47] 만일 둘 또는 그 이상의 권리들이 서로 다투면, 신중히 균형점을 찾아야 한다. 이와 관련해서 최근에는 법정에서 항상 '자연'이 '승리'했고, 또한 해당 지역민이 이겼다. 2021년에 에콰도르 대법원이 국영 광산기업과 지방정부 및 주민들 사이에서 토지 이용을 두고 벌어진 갈등에서 내린 판결은 가히 역사적인 의미가 있다. 그 판결로 광산기업은 탐광 및 채굴 권리를 상실했다.[48] 이러한 접근법에서 볼 수 있는 새로운 점은, 자연이 진지한 심사숙고의 대상이 되었다는 것이다. 유엔의 전문가 네트워크 '자연과의 조화(Harmony with Nature)'는 그 같은 자연의 법적 요구를 법제화하기 위한 계획에 30개국이 동참하리라 보고 있다.[49] 독일에서도 권리 주체로서의 자연에 대해 논쟁이 벌어지고 있는데, 기후변화부터 자연의 상실에 이르는 도전들을 고려할 때 자연의 권리는 계속 발전하고 어느 정도 '생태적으로 되어야' 하는 까닭이다. 법학자 옌스 케르스텐(Jens Kersten) 같은 많은 전문가는 심지어 "권리의 생태 혁명"[50, 51]이 필요하다고 생각한다.

연구와 교육의 확장

생물다양성에 대한 연구는 여전히 많이 부족하다. 과학은 무엇보다 소멸된 종과 이로 인한 잠재적 위험을 분명하게 확정지을 수 있지만, 소멸된 종과 다른 종들이 어떻게 서로 연결되어 있는지에 관해서는 아직 완성된 그림을 내놓지 못하고 있다. 그 출발점은 생물 종들 자체이다. 그런데 인간은 이를 추정하지도 못한다. 이미 알렉산더 폰 훔볼트가 거의 200년 전에 생물분류학에 매진했지만, 자연은 예나 지금이나 일종의 녹색 블랙박스로 남아 있다. 이보다 더 연구가 이루어지지 않은 부분은 종들 내부에서 그리고 종들 사이에서 일어나는 상호작용이며, 또한 기후와의 상호작용, 토양·대기·물에 있는 많은 화학 성분과의 상호작용이다.

예를 들어 젠켄베르크 생물다양성 및 기후 연구센터는 2008년부터 있었다.[52] 프랑크푸르트에 있는 이 연구소는 학제간 요구, 학문과 사회를 연구하고자 하며 매우 혁신적이고 미래지향적이다. 그처럼 광범위한 주제를 설정하고, 학문과 사회를 바탕으로 생물다양성을 연구하는 곳은 몇 군데 없다. 그런 특별한 곳이 또한 할레-예나-라이프치히 독일생물다양성통합연구소(iDiv)다. 이곳에서는 식물·토양, 상호작용과 이론에 관한 생태학적 의문들을 집중적으로 연구한다. 어쨌거나 각각의 지식과 특수한 시각 및 방법론을 가진 다양한 학과들의 협력이 중요하며, 자연과학자·사회과학자·인문과학자가 협력한다면 이상적인 모습이다. 그러나 우리는 단일 학문에 국한되지 않는 초학문적 연구가 더 많이 필요하다. 이런 연구에는 각 분야에서 일하는 많은 사람이 함께 작업하는데, 특히 농업과 임업 종사자들과 함께 일한다. 여기서 지식과 실제 작업이 함께 어우러지는데, 아이디어를 곧바로 실행에 옮겨야 하기 때문이다. 그렇기에 학문과 실천의 협연은 무적의 조합일 뿐 아니라 대체할 수도 없는 필수 불가결한 것이다.

연구를 병행하는 박물관들도 특별한 역할을 한다. 예를 들어 프랑크푸르트의 젠켄베르크 자연사박물관, 베를린의 자연사박물관, 본과 함부르크의 박물관에 딸려 있는 '생물다양성 변천 분석을 위한 라이프니츠 연구소', 런던의 자연사박물관, 워싱턴의 국립자연사박물관을 손꼽을 수 있다. 이런 기관들은 알렉산더 폰 훔볼트의 정신에 따라 그리고 후손들을 위해 자연의 다양함을 연구할 뿐 아니라, 어마어마한 양의 유일무이한 수집품을 통해 자연의 보물들을 품고 있다. 그 밖에도 이런 박물관들은 사회에 과학적 인식을 전해주고, 충분한 근거로 뒷받침된 선명한 과학적 인식은 우리를 각성시킨다.

하지만 대체로 그 교육 내용은 빈약하다. 과거에는 교사가 학생들을 데리고 나가 꽃을 확인하고 풀들을 모으곤 했다. 학생들은 꽃을 짓누르기도 하고 약초를 심기도 했다. 오늘날에는 많은 것들이 인터넷으로 옮겨갔다. 그럼에도 이제 독일의 많은 학교는 지속가능성에 명백히 무게중심을 둔다. 예를 들어 프랑크푸르트의 뵐러학교(Wöhlerschule)는 심지어 벌을 기르며 벌 주식회사도 있다. 설문조사에 따르면, 바이에른주의 김나지움(Gymnasium, 중등교육기관)에서는 학생들의 84퍼센트가 환경이나 기후, 지속가능성 문제를 다루는 서클 활동을 하거나 선택과목을 듣는다.[53] 이는 틀림없이 긍정적인 경향이다. 그러나 아직까지 전 세계적인 경향은 아니다. 그 밖에도 생물다양성이라는 주제는 자연의 다른 주제에 가려져 있으며, 이곳 학교에서는 지속가능성 주제를 훨씬 더 중요하게 다룬다. 어쨌든 경제학자 파르타 다스굽타는 자신의 보고서에서 생물다양성 경제를 촉구한다.[54] 우리는 어디에 사는 아이들이든 가능하면 일찍부터 자연으로 데려가야 하며, 집에서는 물론 유치원, 학교와 나중에 직업교육을 받을 때도 마찬가지다. 그래야 모든 사람이, 도시에 사는 사람들도, 최소한 부분적으로는 '자연주의자'가 될 수 있다.

솔선수범하기

변화는 우리 각자에게서 시작된다. 많은 사람이 자연에서 소외되어 있기 때문에, 우리는 다시 한 걸음씩 자연을 인식할 수 있는 방법을 배워야 한다. 즉, 우리가 친구나 연인과 관계를 맺을 때 눈·귀·코·피부 같은 모든 감각을 동원해서 사귀고 돌보듯 자연과의 관계도 그래야 한다. 매일 15분씩 자연에 몰두하기. 어디서 어떻게 하든 상관없다. 중요한 것은 자연 경험이다. 이를 위해 열대지방으로 여행을 떠날 필요는 없으며, 우리 주변에 있는 공원과 숲과 강에서, 또한 정원과 발코니에서, 심지어 묘지에서도 할 수 있다. 우리는 걸어갈 수도, 풀밭에 누울 수도 있으며, 장화를 신고 냇가를 거닐 수도 있고, 대부분의 사람에게는 상당한 모험이겠지만 배낭과 매트를 가지고 야외에서 야영을 할 수도 있다. 그러면 갑자기 감각이 예민해진 우리는 여러 가지 소리를 듣고, 밤에 부는 바람 소리를, 해돋이 전에 이슬이 떨어지는 것을 감지할 수도 있다. 또한 박물관을 방문하거나 책을 읽거나 유튜브 영상을 보는 것도 우유가 우유팩에서 생겨나지 않고 옥수수가 캔에서 생겨나지 않는다는 사실을 다시금 깨닫는 데 도움이 될 수 있다. 자연과의 관계를 의식적 관계로 발전시키는 일은 물론 대단한 변화의 일부이기는 하지만, 다른 모든 것의 기초가 될 수 있다.

게다가 우리는 자연에 더 많은 공간을 내줘야 하며, 보호구역만이 아니라 어디서든 그렇게 해야 한다. 우리 각자는 발코니나 베란다에서 시작할 수 있고 그곳에 제라늄 대신 라벤더와 샐비어를 심는 게 가장 좋다. 이 두 꽃은 벌들이 특히 좋아하니까 말이다. 정원에는 단조로운 잔디밭보다 풀밭이 낫다. 그러면 정원에 나비와 딱정벌레, 씨를 먹는 새와 고슴도치도 있게 된다. 그리고 식물 살충제는 포기하고 정원을 자연에 가깝게 놔두며, 길들도 매끈하게 포장하지 말고 물이 지날 수 있게 해야 거기서 푸른 식물이 올라올 수 있다. 텃밭에는 여러 유용식물을 섞어 심는다. 자연은 굳이 넓은 공간일 필요가 없으며, 자연이 성장할 가능성이 있는 곳은 아주 많다. 아무리 사소한 조치라도 자연에는 벌써 효과가 나타나며, 우리 자신에게도 그렇다. 신선한 공기를 마시며 동식물과 어울리면 행복해진다는 사실은 입증된 바다. 이때 면역체계도 강화되고 행복감도 증가한다. 심지어 그렇게 하면 혈압을 낮추고 우울증 치료제를 대체할 수 있다는 증거도 나와 있다.[55]

하지만 여기서 인식을 높이고 저기서 식물을 더 심는다고 해도 충분하지는 않다. 어쩌면 가장 중요한 조치는 소비와 식습관을 바꾸는 일일 수 있다(5장 참조). 특히 동물성 식품 소비가 이에 해당하는데, 전 세계 경작지의 70퍼센트가량이 사람의 식량이 아니라 동물 사료용 식물을 재배하는 탓이다. 그렇다면 이 말은 우리 모두 채식주의자나 비건이 되어야 한다는 뜻일까? 반드시 그렇지는 않으며, 그에 대한 대답은 약간 복잡하다. 꽃들이 풍부한 초원과 방목지는 풍부한 생물다양성을 위해 소중한 곳이다. 물론 소나 양, 말을 거기에 방목해야만 그런 초원이나 방목지가 존재할 수 있다. 녹색의 땅이 농장주에게 이득을 안겨주는 까닭이다. 그리고 넓게 펼쳐진 초원에서 동물들이 풀을 먹을 때 더 다양한 식물이 자라나게 되고[56] 다양한 미생물이 살 수 있는 곳도 만들어진다. 동물의 똥마저도 소중하며 말똥구리와 쇠똥구리의 놀이터가 되어준다. 이처럼 소중한 서식지를 보존하기 위해 우리는 생물다양성의 시각에서 육류를 먹는 게 좋다. 방목해 키운 동물들만 적당한 수준에서 먹어야 하는 것이다. 그 슬로건은 이런 것이다. '일요일 고기로 돌아가자.' 일주일에 한두 번 육류를 먹고, 그 이상은 먹지 않으며, 국내산 닭고기·돼지고기·양고기·소고기를 먹고, 가능하면 지역 방목장에서 생산한 고기를 먹는 게 제일 좋다.

우리는 또한 유기농 제품을 구매함으로써 개인적으로도 차이를 만들 수 있다. 왜냐하면 생물다양성은 전통적 농법에 의한 농사보다 생태농업을 할 때 훨씬 풍부해지기 때문이다. 유기농 인증 식품을 구입하는 사람은, 그것도 계절에 알맞은 제품과 지역 상품을 선택한다면, 이미 소중한 기여를 하는 것이다. 열대지방 상품의 경우에도 유기농이 좋은데, 커피·카카오·바나나·망고 등이다. 이때 운송 과정에서 많은 배출이 일어나지만, 상품을 (비행기가 아닌) 배로 운송하면 비교적 배출량이 많지 않다. 높은 사회적 기준에 따라 상품을 재배하고 거래한다면, 우리의 돈은 그런 상품을 재배한 글로벌 사우스의 농민들에게 갈 것이다.

많은 사람이 자신은 유기농 상품을 구입할 경제적 수준이 되지 못한다고 말한다. 게다가 높은 인플레이션 시대에는 더더욱 그렇다. 하지만 음식을 낭비하지 않도록 주의를 기울이는 사람이라면, 조금 더 비싼 유기농 제품도 구입할 수 있다. 물론 여기에 정치가 개입할 수 있는데, 농림부 장관 쳄 외츠데미르의 제안처럼 과일·채소·견과에 부과하는 부가가치세를 낮출 수 있다. 그러면 채식 기반의 건강한 식품이 덜 비싸진다. 어쩌면 일반적으로 유기농 제품의 부가가치세를 낮춰도 된다. 그러면 유기농 제품을 더 쉽게 이용할 수 있다.

　마지막으로 우리가 보편적으로 의식 있는 구매를 하면 아주 큰 기여를 할 수 있다. 이는 무엇보다 옷(흔히 면으로 만든)과 신발(흔히 가죽으로 만든)이 여기에 해당된다. 특히 면의 원료인 목화를 생산하려면 살충제와 병충해 방제 약품이 상당히 많이 소비된다. 목화 재배 면적은 전 세계 경작지의 2.4퍼센트에 불과하지만, 살충제의 22.5퍼센트와 병충해 방제 약품의 10퍼센트가 여기에 쓰인다. 또한 목화를 재배하려면 많은 물이 필요하다. 티셔츠 한 장에 들어가는 목화를 재배하려면 2700리터의 물이 필요하다.[57] 매년 쓰레기장과 소각장에 도착하는 산더미 같은 옷은 말할 것도 없다. 낡은 옷을 재활용하는 경우는 고작 1퍼센트에 불과하다.[58] 이로부터 내릴 수 있는 결론은 한 가지밖에 없다. 적게 사고, 고쳐 입고, 채워 넣고, 재생산하거나 다른 사람에게 준다. 누구도 완벽하지 않고, 철저하지 않으며, 실수를 하기 마련이다. 우리 모두는 입지도 않을 티셔츠를 구매하기도 하고, 오로지 건강에 이롭고 친환경적으로 생산된 음식만 먹지는 않는다. 그러나 여기서 중요한 것은 달라진 인식이고 올바른 일을 하고자 하는 진지한 노력이다.

공동의 노력으로 파악하기

결론은 생물다양성을 보호하기 위해 우리 모두 무언가 시도할 수 있다는 것이다. 서로 연계해서 파악해야 하는 많은 세부 과정과 조치가 있다. 이렇게 해야 우리는 "다른 대안 없는" 전환점을 만들 수 있다. 인용한 말은 독일 전 총리 앙겔라 메르켈이 다른 주제에 관해 쓴 표현이다. 어쨌거나 인간으로서 계속 살아남기를 원한다면, 우리는 그렇게 할 수 있다. 아직 늦지 않았다. 우리에게 더는 변할 수 있는 힘이 없다면, 그럼 우리는 모든 것이 다 떨어질 때까지 계속 살아가는 수밖에 없다. 하지만 아무도 그런 것을 원하지 않는다. 생물다양성 보호는 분명 모든 국가와 사회의 모든 영역에 영향을 미친다. 정치는 당연하고, 경제·학문·교육·사법·문화, 그리고 마지막이지만 앞의 것들과 마찬가지로 중요한 개별 시민과 소비자다. 아직도 이 사안은 그림자 존재 같은 신세지만, 그사이 정치적·사회적 논쟁 대상이 되었다. 이제는 '특수 분야'나 사치품처럼 취급해서는 안 되며, 우리 삶의 기초이자 그야말로 필수품으로 여겨야 한다.

자연과 더 잘 지내기 위한 10가지

우리 모두는 무언가 기여할 수 있다

인간은 오래전부터 이 지구상에 무언가 남기고자 노력해왔다. 집이나 다리를 건설하고, 예술작품이나 기념물을 창조하고, 책을 쓰고, 아이를 낳고, 전쟁을 치른다. 하지만 삶을 형성하고 사후에 무언가를 남기고자 하는 지극히 인간적인 경향은 시간이 지나면서 독자적으로 작동했다. 다시 말해 우리는 너무 많은 것을 남기고 있다. 늘어나는 소비와 사회간접자본에 대한 점증하는 요구를 통해 우리는 지구를 변화시키고, 인간이 만든 생산품과 쓰레기를 점점 더 양산하고 있다.

당장 우리 습관을 바꾼다고 하더라도, 우리의 흔적은 수백만 년 동안 볼 수 있을 것이다. 그렇기에 이런 경향을 무너뜨리고, 개개인인 우리가 가능하면 물질적 흔적을 덜 남기고 그 대신 다른 가치들을 전면에 내세우는 것을 목표로 삼아야 하는 시기다. 행복에 관한 모든 연구 결과에 따르면, 물질적 재화와 돈은 어느 정도까지만 만족감을 준다. 그런 것들로는 더 행복해지지 않는다는 말이다. 적어도 건강, 자연, 사회생활, 안전, 시간 또는 감정 같은 가치들이 물질적 재물만큼 필요하고 그래서 소중하게 다뤄야 한다.

또한 기술적 발전은 분명 이 같은 치명적인 과정을 제어하기에는 불충분하다. 과학적 모델에 따르면 우리는 앞으로의 생존을 위해 근본적 변화가 필요하다. 개개인을 모두 포함하고 삶의 많은 영역을 아우르는 그런 변화다. 또한 포기하는 법을 연습하는 것도 우리가 해야 할 일이다. 그러나 포기함으로써 우리는 삶의 질을 더 높일 수 있고 특히 더 안전해진다. 만일 우리 습관을 그대로 지니고 산다면, 오늘날 이미 경험하고 있는 환경 위험과 환경 재난은 이제 시작에 불과하다.

생물다양성은 개별 조치를 통해 구해낼 수 없다. 위협받는 붉은볼따오기(검은따오기)를 위해 재도입(주로 멸종위기종이나 멸종위급종을 사라진 지역에 방사하거나 자생지에서만 멸종한 종을 역사적 서식지에 다시 방사하는 것—옮긴이) 프로그램을 시작하거나 독일 흑림과 브르타뉴, 카메룬에 국립공원을 지정하는 것으로 충분하지 않다. 그 같은 조치들이 중요하고 훌륭하기는 하지만 충분하지는 않다. 우리는 과학에서 사용하는 표현에 따라 "근본적이며 사회생태학적인 변화"가 필요하다. 모든 곳에서 무언가 변화해야 하는데, 정치에서, 경제에서, 재판에서, 농업과 임업에서 그리고 우리 모두에게서 그래야 한다. 모든 결정을 내릴 때 자연보전을 우선시해야 하는데, 생물다양성 손실은 우리의 존재, 우리의 미래를 위협하고 다음 세대의 자유를 제한하기 때문이다. 우리가 필요한 변화를 서두를수록 그만큼 더 간단해진다. 어느 면에서 우리는 점점 더 의존성이 커지기 마련인데, 이른바 '경로 의존성(path dependency)'이다. 예를 들어 우리는 사라진 물을 다시 파내야 하기 때문이고, 더 이상 아무것도 자라지 않는 땅을 갖고 있기 때문이고, 식용식물들의 수분을 돕는 동물들 수가 줄어들기 때문이다.

신속히 이루어져야 할 가장 중요한 조치는 다음 10가지다. 철저히 과학적 담론을 거쳐 지극히 상세한 부분까지 아우르는 목록은 아니다. 대신에 우리가 지난 수십 년 동안 얻은 경험에서, 이 책을 쓰기 위한 조사에서, 그리고 우리가 많은 효과를 가져오리라 판단하는 것들에서 끌어낸 통찰에 바탕을 둔 것이다.

1. 지구 면적의 30퍼센트를 보호하고, 그중 30퍼센트를 엄격하게 보호한다. (정치와 자연보호)

2030년까지 전 세계적으로 적어도 지표면의 30퍼센트를 효율적으로 (서류상으로만이 아니라) 보호해야 한다(현재는 지상의 17퍼센트 및 바다의 8퍼센트). 그중 30퍼센트, 즉 전체 면적의 10퍼센트는 인간 개입을 최소화하여 야생으로 두어야 한다. 이러한 영역은 미래에 생물다양성의 방주 역할을 할 수 있다. 이때 최상의, 최고로 중요한 지역을 선별하고, 그곳 주민들과 함께 충분한 재정 지원을 동반한, 지속가능한 보호 구상을 개발하고 실행에 옮겨야 한다.

2. 생태농업 비율을 전 세계적으로 2030년까지 25퍼센트로 올린다. 이때 EU의 생물다양성 전략이 본보기가 될 수 있고 독일의 연정 합의도 참고할 수 있다. (정치와 농업)

생태적 재배는 생물다양성을 지원한다. 지금까지 유럽에서는 대략

9퍼센트, 전 세계적으로는 1.5퍼센트를 차지한다. 유럽뿐 아니라 글로벌 사우스 국가들에서의 생태농업 확대는 자연의 건강에, 유용식물과 유용동물의 건강에, 인간의 건강에 이롭다.

3. 자연을 훼손하는 보조금은 2030년까지 단계적으로 매년 최소한 5000억 달러 축소한다. (정치)

오늘날 엄청나게 많은 금액이 화석에너지, 환경을 훼손하는 농업과 어업을 지원하는 보조금으로 흘러들어간다. 이런 보조금은 생물다양성에 친화적인 조치, 재생과 생태농업을 지원하고 사회 경직성을 완화하는 데 쓰이도록 방향을 바꿔야 한다. 자연을 착취하고 파괴하는 사업에 국고보조금을 지원하는 대신 완전히 정반대 일이 일어나야 한다.

4. 기업과 금융계가 생물다양성에 끼친 영향에 대해 보고할 의무를 전 세계적으로 2030년까지 확정하고, 이때 EU가 본보기 역할을 한다. (정치와 기업)

그 같은 보고 의무는 경제가 자연에 가하는 부정적(그리고 긍정적) 영향을 볼 수 있고 측정할 수 있게 해준다. 이는 기업과 투자에서 사고의 전환을 가져오고 새로운 사업모델을 도입하게 한다. 왜냐하면 "죽은 행성에서는 비즈니스도 없기(There is no business on a dead planet)" 때문이다.

5. 녹색채권에서 자연보호에 자금을 지원하는 비율을 현재 3퍼센트에서

2030년까지 30퍼센트로 올린다. (재정관리)

지금까지 기후 보호는, 예를 들어 풍력 발전과 태양광 시설 덕분에 녹색채권에서 선두를 차지했다. 이는 기본적으로 옳고 타당하다. 하지만 우리에게는 자연, 즉 종 보호와 자연보호, 또는 생태농업에 투자하는 더 많은 금융상품이 필요하다.

6. **육류 소비를 크게 줄여서 1인당 매주 최대 300그램, 그중 붉은 고기는 최대 100그램만 섭취하되, 방목으로 기른 동물에게서 생산한 고기가 이상적이다.** (우리 각자)

현재 전 세계 경작지의 70퍼센트가 사람의 식량이 아니라 동물 사료용 작물을 재배한다. 더 적은 육류 소비는 생물다양성과 사람의 식량을 위한 면적 확보에 중요한 전제조건이며, 인구 증가시에도 마찬가지다. 기후 친화적이며 더 건강한 식생활은 바로 채식을 기반으로 한다.

7. **음식 낭비를 최소화한다.** (우리 각자, 식당, 기업)

유럽만 해도 연간 1인당 173킬로그램의 음식을 낭비한다. 매일 0.5킬로그램에 해당한다. 이러한 식습관을 멈출수록 재배 면적을 아낄 수 있다. 게다가 음식의 가치를 알게 되어 더 맛있게 먹을 수 있고 돈도 아낄 수 있다.

8. **매일 15분 또는 매주 2시간은 자연과 함께 보낸다.** (우리 모두)

발코니에 식물을 기르고, 채소를 심고, 공원을 산책하고, 숲에 가고, 다른 사람들과 약초에 관해 이야기를 나누는 일 등. 이렇게 자연과 함께하면, 자연과 밀접한 관계를 맺고 자연을 보존하며 자연의 다양한 가치를 이해하는 데 도움이 된다. 인간은 자신이 사랑하는 것만 보호하고, 아는 것만 사랑한다. 그 밖에도 자연과 함께하면, 우리가 긴장을 해소하고 휴양하는 데 도움이 되며, 더 건강하고 행복해진다는 사실이 입증되었다.

9. 그린시티 만들기. 발코니·지붕·갓길·정원 등. (도시행정, 우리 각자)

이는 생물다양성에 이득이 되고, 시내를 서늘하게 해주며, 우리의 건강과 행복을 증진한다. 또한 여기서도 다양성이 중요하다. 측백나무 대신에 나무와 꽃과 열매가 어우러진 덤불이 낫고, 잔디밭보다 풀밭이 나으며, 그 둘레에는 꽃보다 나무가 낫다. 그리고 이런 전체 모습이 질서정연하지 않아도 되며, 사소한 실천으로도 아름다움을 발견할 수 있다.

10. 언론, 영화, 책, 전시회, 학습교재도 진지하게 자연을 다루어야 하며, 자연을 과도하게 평가해서도 무시해서도 안 된다. (언론인, 교육자, 문화 종사자)

자연이라는 주제는 신문의 정치면과 경제면에 들어가야지, 잡다한 소식을 전하는 지면에 소개해서는 안 된다. 코알라·고릴라·호랑이의 차원을 넘어서는 일이다. 즉, 그 연관성, 생태계와 자연을 존재의 기초로 삼아야 한다. 이를 위해 다양한 방식으로 이해를 도울 수 있는 이야기와 그림이 필요하다.

우리 모두는 결코 성인(聖人)이 아니다. 누구도—아마 거의 누구도— 자연과 조화를 이루며 살기 위해 반드시 해야 하는 대로 살지는 못한다. 하지만 우리 모두는 서로 그렇게 하려고 노력할 수 있다. 안토니우 구테흐스 유엔 사무총장의 말처럼 자연과 더불어 평화롭게 살기 위해서다. 필요한 조치들은 야심 차고 이를 실행에 옮기려면 때로 복잡하지만, 그래도 실행할 수 있고 어렵지만 기대할 만하다. 숙명론에 빠질 이유는 하나도 없고, 급히 서둘러야 한다는 명령만 있을 뿐이다.

감사의 글

—

이 책은 우리 두 사람이 이룬 성과가 아니며, 우리의 직업과 사생활에서 아는 수많은 사람이 참여해 나온 결과물이다. 그들 모두에게 진심으로 감사드린다. 무엇보다 이 원고를 비판적이면서도 좋은 의도로 검토하고 내용을 고칠 때면 항상 우리와 의논해준 편집자 크리스토프 젤처 박사에게 감사드리고 싶다. 또한 출판사와 연결해주고 친절하게 요구도 하면서 늘 용기를 북돋아준 에이전트 에네 글링케에게도 고마움을 전한다.

그리고 지치지 않고 철저하게 참고문헌 작업을 해준 아론 카우펠트, 지속적으로 논리적 지원을 아끼지 않은 레온하르트 슈톨과 사비네 하인리히존에게도 감사드린다. 우리는 젠켄베르크 생물다양성 및 기후 연구센터와 DFG 연구그룹 킬리만자로로부터 중요한 학문적 인식을 얻어 이 책에 포함했다. 독일연구협회(DFG), 라이프니츠 협회, 레오폴디나, 사회-생태 연구소, 프랑크푸르트 동물학회도 마찬가지이며, 이들은 우리의 시각을 넓히고 다양한 견해를 알게 해주었다. 또한 독일재건은행(KfW) 개발은행과 레거시 랜드스케이프스 펀드에서 일하는 생물다양성 부문 동료들로부터 정말이지 소중한 정보를 얻었다.

끝으로 가족과 친구들에게 고마움을 전하고 싶은데, 그들은 이 책을 집필하고 탐구하는 내내 조건 없이 다양한 지원을 해주었을 뿐 아니라 다른 여러 과제로부터 자유롭게 해주었다. 바로 베른하르트 가에제 박사, 에버하르트 바우어, 아네도레 바우어라헨마이어 박사, 크리스티아네 바우어와 비외른 마그누손 슈타프 박사다. 베르트 보스텔만은 매우 아름다운 사진들을 제공해주었다. 마지막으로 앞서 언급한 분들과 마찬가지로 감사를 전하고 싶은 분은 마르그레트 바우만과 젠켄베르크 홍보팀인데, 이들은 몇 년 전에 《젠켄베르크 200주년》이라는 도서를 처음 소개해주었고, 그 덕에 우리가 함께 책을 펴내야겠다는 아이디어를 얻었으니 참으로 감사드린다.

1 지질학의 전환점

1. Bennett, C. E., Thomas, R., Williams, M., ... & Marume, U. (2018). The broiler chicken as a signal of a human reconfigured biosphere. *Royal Society open science, 5*(12), 180 325. https://royalsocietypublishing.org/doi/10.1098/rsos. 180325.

2. Ibidem.

3. Rosenberg, K. V., Dokter, A. M., Blancher, P. J., ... & Marra, P. P. (2019). Decline of the North American avifauna. *Science, 366*(6461), 120-124. https:// www.science.org/doi/10.1126/science.aaw1313.

4. IPBES (2019), Summary for policymakers of the global assessment report on biodiversity and ecosystem services of the Intergovernmental Science-Policy Platform on Biodiversity and Ecosystem Services. Díaz, S., Settele, J., Brondizio, E. S., ... & Zayas C. N.(eds.). IPBES secretariat, Bonn, Germany. DOI: https://doi.org/10.5281/zenodo.3553458, p. 24: 6장.

5. Ibidem, 4장.

6. Neues vom Dodo, dem ausgerotteten Vogel (2017.08.28, 2022년 11월 22일 접속). *Süddeutsche Zeitung.* https://www.sueddeutsche.de/wissen/wissenschaft-neues-vom-dodo-ausgerotteten-vogel-dpa.urn-newsml-dpa-com-20090101-170827-99-796488.

7. Darchinger, J. H., 출처: Honnef, K. (2021) Josef Heinrich Darchinger. Wirtschafts-
   wunder, 문고판, p. 101.

8. Erhard, L. (1964), Wohlstand für alle (8쇄), Econ. https://www.ludwig-erhard.
   de/wp-content/uploads/wohlstand_fuer_alle.pdf.

9. Carson, R. (2021). Der Stumme Frühling (6쇄, 문고본), C. H. Beck. p. 24.

10. Hammarsjköld, D. (1955). Annual Report of the Secretary-General on the
    Work of the Organization. United Nations. https://www.un.org/depts/dhl/
    dag/docs/a2911e.pdf.

11. Hammarsjköld, D. [HammarsjköldProject]. (2011.08.20, 2022년 11월 22일
    접속). Dag Hammarskjöld speech on United Nations Day (1954) [Video].
    YouTube. https://www.youtube.com/watch?v=HuppZpNG3kQ.

12. Meadows, D. I., Meadows, D. H. & Zahn, E. (1972). Die Grenzen des
    Wachstums. Bericht des Club of Rome zur Lage der Menschheit. Detusche
    Verlagsgesellschaft (DVA).

13. Steffen, W., Broadgate, W., Deutsch, L., … & Ludwig, C. (2015). The tragectory
    of the Anthropocence: the great acceleration. The Anthropocene Review, 2(1),
    81-98. https://journals.sagepub.com/doi/full/10.1177/2053019614564785.

14. Dasgupta, P. (2021), The Economics of Biodiversity: The Dasgupta Review.
    HM Treasury. https://assets.publishing.service.gov.uk/government/uploads/
    system/uploads/attachment_data/file/962785/The_Economics_of_Biodiversity_
    The_Dasgupta_Review_Full_Report.pdf. p. 25: 표 0.2.

15. Ibidem. p. 23: 표 0.1.

16. Steffen, W., Broadgate, W., Deutsch, L., … & Ludwig, C. (2015), The trajectory
    of the Anthropocene: the great acceleration. The Anthropocene Review, 2(1),
    81-98. https://journals.sagepub.com/doi/full/10.1177/2053019614564785.

17. Dasgupta, P. (2021), The Economics of Biodiversity: The Dasgupta Review.
    HM Treasury. https://assets.publishing.service.gov.uk/government/uploads/
    system/uploads/attachment_data/file/962785/The_Economics_of_Biodiversity_
    The_Dasgupta_Review_Full_Report.pdf. p. 23: 표 0.1, p. 25: 표 0.2.

18. Steffen, W., Broadgate, W., Deutsch, L., ⋯ & Ludwig, C. (2015). The trajectory of the Anthropocene: the great acceleration. *The Anthropocene Review, 2*(1), 81-98. https://journals.sagepub.com/doi/full/10.1177/2053019614564785.

19. Bundesministerium für wirtschaftliche Zusammenarbeit & Entwicklung (2022년 11월 22일 접속). Biodiversität erhalten—Überleben sichern. BMZ. https://www.bmz.de/de/themen/biodiversitaet.

2 대대적인 죽음

1. Häfner, R. (2021.05.05, 2022년 11월 23일 접속). Geier: Beweis für ersten toten Geier durch Diclofenac in Europa. GEO. https://www.geo.de/natur/tierwelt/geier-beweis-fuer-ersten-toten-geier-durch-diclofenac-in-europa-30514490.html.

2. Markandya, A., Taylor, T., Longo, A., ... & Dhavala, K. (2008). Counting the cost of vulture decline—an appraisal of the human health and other benefits of vultures in India. *Ecological Economics, 67*(2), 194-204. https://www.sciencedirect.com/science/article/pii/S092180090800178X.

3. Ibidem.

4. Häfner, R. (2021.05.05, 2022년 11월 23일 접속). Ibidem.

5. KfW Bankengruppe (2021). Artenvielfalt erhalten. Wie die KfW Entwicklungsbank Biodiversität fördert. KfW Bankengruppe. https://www.kfw-entwicklungsbank.de/PDF/Entwicklungsfinanzierung/Themen/2021_BiodivBroschuere_DE.pdf. p. 6.

6. 15. Entwicklungspolitischer Bericht der Bundesregierung, Drucksache 18/12300 (2017.04.27). https://dserver.bundestag.de/btd/18/123/1812300.pdf. p. 4.

7. Planet Wissen. (2018.02.26, 2022년 11월 23일 접속). Evolution in 24 Stunden [Video]. planet-wissen.de. https://www.planet-wissen.de/video-evolution-in-stunden-100.html.

8. Kiprop, V. (2018.03.20, 2022년 11월 23일 접속). How Many Animals Are There

In The World? WorldAtlas.com. https://www.worldatlas.com/articles/how-many-animals-are-there-in-the-world.html.

9. Jördens, J. & Mulch, A. (2022.02.15, 2022년 11월 22일 접속). "Der quakt doch anders …"—Fast 300 Arten neu beschrieben. seckenberg.de. https://www.senckenberg.de/pressemeldungen/der-quakt-doch-anders-fast-300-arten-neu-beschrieben/.

10. Flier, C. (2011.12.01, 2022년 11월 23일 접속). Schwerbewaffnete Terminator-Spinne und Blauwal in Miniaturausführung. WEB.de. https://web.de/magazine/wissen/schwerbewaffnete-terminator-spinne-blauwal-miniaturausfuehrung-5842730.

11. Glaubrecht, M. (2021). Das Ende der Evolution. Pantheon. p. 416.

12. Ibidem, p. 415.

13. Ritchie, H. & Roser, M. (2021, 2022년 11월 23일 접속). Forest and Deforestation. OurworldinData.org. https://ourworlddata.org/deforestation.

14. World Wide Fund For Nature (2022). Living Planet Report 2022—Building a positive furture in a volatile world.
Almond, R. E. A., Grooten, M., Juffe Bignoli, D. & Petersen, T.(Eds). WWF, Gland, Switzerland. https://www.wwf.de/fileadmin/fm-wwf/Publikation-PDF/WWF/WWF-lpr-living-planet-report-2022-kurzfassung.pdf. p. 6.

15. May, H. (2022년 11월 23일 접속). Seltene Arten gerettet, häufige Arten gefährdet. Zur Roten Liste der Brutvögel Deutschlands 2016, NABU.de. https://www.nabu.de/tiere-und-pflanzen/voegel/artenschutz/rote-listen/21034.html.

16. 전문가들: "Das Rebhuhn verschwindet" (2019.11.28, 2022년 11월 23일 접속). Die Zeit. https://www.zeit.de/news/2019-11/28/experten-das-rebhuhn-verschwindet.

17. NABU (2022년 11월 23일 접속). Der Star. NABU.de. https://www.nabu.de/tiere-unt-pflanzen/voegel/portraets/star/.

18. NABU (2022년 11월 23일 접속). Stiller Rückgang beim Bestand. Lebensraum und Verbreitung des Stars. NABU.de. https://www.nabu.de/tiere-und-

pflanzen/aktionen-und-projekte/vogel-des-jahres/star/infos/23210.html.

19. IUCN (2022, 2022년 11월 23일 접속). The IUCN Red List of Threatened Species. Version 2022-1. https://www.iucnredlist.org.

20. World Wide Fund For Nature (2022.10.04, 2022년 11월 23일 접속). Die Rote Liste bedrohter Tier- und Pflanzenarten. WWF. https://www.wwf.de/themen-projekte/artenschutz/rote-liste-gefaehrdeter-arten.

21. IUCN (2022, 2022년 11월 23일 접속). The IUCN Red List of Threatened Species. Version 2022-1. IUCN. https://www.iucnredlist.org.

22. Ibidem.

23. Glaubrecht, M. (2021). Das Ende der Evolution. Der Mensch und die Vernichtung der Arten. Pantheon. p. 416.

24. Ibidem, p. 421.

25. Elhacham, E., Ben-Uri, L., Grozovski, J., ... & Milo, R. (2020). Global human-made mass exceeds all living biomass. *Nature*, 588(7838), 442-444. https://www.nature.com/articles/s41586-020-3010-5?s=09.

26. Kann, D. (2022.12.09, 2022년 11월 23일 접속). Human-made materials may now outweigh all living things on Earth, report finds. CNN. https://edition.cnn.com/2020/12/09/world/human-made-mass-exceeds-biomass-report-2020/index.html.

27. Smil, V. (2011). Harvesting the biosphere: The human impact. *Population and Development Review, 37*(4), 613-636. https://onlinelibrary.wiley.com/doi/abs/10.1111/j.1728-4457.2011.00450.x.

28. IPBES (2019). Summary for policymakers of the global assessment report on biodiversity and ecosystem services of the Intergovernmental Science-Policy Platform on Biodiversity and Ecosystem Services. Diaz, S., Settele, J., Brondizio, E. S., ... & Zayas, C. N.(eds.). IPBES secretariat, Bonn, Germany. DOI: https://doi.org/10.5281/zenodo.3553458, p. 24: 5장.

29. Food and Agriculture Organisation of the United Nations & United Nations Environment Programme (2020). The State of the World's Forests 2020, Forests,

biodiversity and people. FAO, Rome, Italy. https://doi.org/10.4060/ca8642en.
pp. 12-13. FAO가 계산한 손실 결과를 바탕으로 계산했음.

30. Ibidem. p. 10.

31. World Wide Fund For Nature (2021). Plastics: The costs to society, the envir-
onment and the economy.
DeWit, W., Burns, E., Guinchard, J. C. & Ahmed, N.(Eds). WWF, Gland,
Switzerland. https://www.wwf.at/wp-content/uploads/2021/09/WWF-
Plastik-Report-English.pdf. p. 6.

32. Ellen MacArthur Foundation (2017). The New Plastics Economy: Rethinking
the future of plastics & catalysing action. https://emf.thirdlight.com/file/24/
RrpCWLER-yBWPZRrwSoRrB9KM2/The%20New%20Plastics%20Economy%
3A%20Rethinkings%20the%20furture%20plastics%20%26%20catalysing%20
action.pdf. p. 12.

33. Tieso, I. (2022.07.27, 2022년 11월 23일 접속). Global plastic production 1950-
2020. Statista.com. https://www.statista.com/statistics/282732/global-production-
of-plastics-since-1950/.

34. Blue Action Fund (2022). A Lifeline for the Ocean. Blue Action Fund, Frankfurt
am Main, Germany. https://www.blueactionfund.org/wp-content/uploads/
2019/04/About_us_brochure.pdf.

35. Bosch, T., Colijn, F., Ebinghaus, R., Körtzinger, A., ... & Voss, R. (2010). World
Ocean Review 2010: Mit dem Meeren leben. Maribus. https://worldocean
review.com/wp-content/downloads/worl/WOR1_de.pdf. p. 122: 그림 6.4.

36. IUCN (2022, 2022년 11월 23일 접속). The IUCN Red List of threatened Species.
Version 2022-1. https://www.iucnredlist.org.

37. IPBES (2019). Ibddem, p. 24: 6장.

38. Ibidem, p. 16: C5장.

39. Dasgupta, P. (2021), Ibidem. p. 97: 도표 3.3.1.

40. Holbrook, S. J., Schmitt, R. J., Adam, T. C. & Brooks, A. J. (2016). Coral reef
resilience, tipping points and the strength of herbivory. *Scientific Reports,*

$6(1)$, 1-11.

41. Hillebrand, H., Donohue, I., Harpole, W. S. ... & Freund, J. A. (2020). Thresholds for ecological responses to global change do not emerge from empirical data. *Nature Ecology & Evolution, 4*(11), 1502-1509.

42. Reef Resilience Network (2022년 11월 23일 접속). Dornkronen Seestern. reefresilience.org. https://reefresilince.org/de/stressors/predator-outbreaks/crown-of-thorns-starfish/.

43. Peters, M. K., Hemp, A., Appelhans, T., ... & Steffan-Dewenter, I. (2019). Climate-land-use interaction shape tropical mountain biodiversity and ecosystem functions. *Nature, 568*(7750), 88-92.

44. Dillinger, K. (2022.02.27, 2022년 11월 23일 접속). Studies offer further evidence that the coronavirus pandemic began in animals in Wuhan market. CNN. https://edition.cnn.com/2022/02/26/health/coronavirus-origins-studies/index.html.

45. IPBES (2020). Workshop Report on Biodiversity and Pademics of the Intergovernmental Platform on Biodiversity and Ecosystem Services. Daszak, P., Amuasi, J., Das Neves, C. G., ... & Ngo, H. T. IPBES secretariat, Bonn, Germany, DOI: https://doi.org/10.5281/zenodo.4147317. pp. 11, 46.

46. Randal, I. (2021.04.08, 2022년 11월 23일 접속). 'The path to pandemics': UN warns of 1.7m undiscovered viruses in natur—HALF of which could infect humans. *Daily Mail*. https://www.dailymail.co.uk/sciencetech/article-9450099/Health-report-warns-1-7-MILLION-undiscovered-viruses-nature-half-infect-us.html.

47. Senckenberg (2022년 11월 23일 접속). Alle Wildtiermärkte schließen ist zu kurz gedacht—Im Gespräch mit Forscher Stefan Prost. seckenberg.de. https://www.senkeckenberg.de/de/presse/senckenberg-packt-aus/reportage-stefan-prost/.

48. IPBES (2020), ibidem, p. 2.

49. World Economic Forum (2022). The Global Risks Report 2022—17th Edition. Franco, E. G., Kuritzky, M., Lukacs, R. & Zahidi, S. WEF, Geneva, Switzland.

https://www3.weforum.org/docs/WEF_The_Global_Risks_Report_2022.pdf.
p. 14.

50. United Nation Environment Programme (2021). Making Peace with Nature:
A scientific blueprint to tackle the climate, biodiversity and pollution
emergencies. UNEP, Nairobi, Kenya. https://www.unep.org/resources/
global-assessments-sythesis-report-path-to-sustainable-furture. p. 4. 원본:
"Humanity is waging war on nature. This is senseless and suicidal."

3 무엇 때문에 이런 화려함이?

1. Dichmann, M. & Ludwig, M. (2019.08.21, 2022년 11월 25일 접속) Der Regenwurm
ist bedroht. Deutschlandfunk Nova. https://www.deutschlandfunknova.de/
beitrag/regenwurm-ein-drittel-der-arten-gilt-als-bedroht.

2. Bolte, A., Sanders, T. & Wellbrock (2022.05.27, 2022년 11월 25일 접속). Wald-
schäden durch Trockenheit und Hitze. thuenen.de. https://www.thuenen.de/
de/themenfelder/waelder/forstliches-umweltmonitoring-mehr-als-nur-daten/
waldschaeden-durch-trockenheit-und-hitze.

3. Podbregar, N. (2018.05.11, 2022년 11월 25일 접속). Mischwälder sind widerstands-
fähiger. Wissenschaft.de. https://www.wissenschaft.de/erde-umwelt/mischwaelder-
sind-widerstandsfaehiger/.

4. Petrovska, B. B. (2012). Historical review of medicinal plants usage. *Pharma-
cognosy Reviews, 6*(11), 1.

5. Laatsch, H. (2000). Mikroorganismen als biologische Quelle neuer Wirkstoffe.
Kayser, O. & Müller, R. H.(eds.). Pharmazeutische Biotechnologie (1), Wissen-
schaftliche Verlaggesellschaft. Stuttgart, Germany, pp. 13-43.

6. Latham, K. (2021.10.09, 2022년 11월 29일 접속). How biodiversity loss is
jeopardizing the drugs of the future. *The Guardian*. https://www.theguardian.
com/environment/2021/oct/09/how-biodiversity-loss-is-jeopardizing-the-
drugs-of-the-future.

7. World Health Organition (2020.07.31, 2022년 11월 29일 접속). Antibiotic resistance. WHO. https://www.who.int/news-room/fact-sheets/detail/antibiotic-resistance.

8. Latham, K. (2021.10.09, 2022년 11월 29일 접속). Ibidem.

9. European Food Safety Authority (2022년 11월 29일 접속). Aflatoxine in Lebensmitteln. EFSA. https://www.efsa.europa.eu/de/topics/topic/aflatoxins-food.

10. Bundesamt für Risikobewertung (2022년 11월 29일 접속). Aflatoxine. BfR. https://www.bfr.bund.de/de/a-z_index/aflatoxine-5225.html.

11. Koblmiller, C. (2019.06.25, 2022년 11월 29일 접속). 5 Beispiele für Bionik im Leichtbau. Leichtbauwelt.de. https://www.leichtbauwelt.de/5-beispiele-fuer-bionik-im-leichtbau/#:~text=5%20Beispiele%20fC3%BCr%20Bionik%20im%20Leichbau%201%20Der,3%20Der%20technische%20Pflanzenhalm.%20...%20Weitere%20Artikel...%20.

12. Nanotol (2022년 11월 29일 접속). Der Lotuseffekt—ein physikalisches Phänomen. nanotol.de. https://www.nanotol.de/lotuseffekt.

13. Rath, M. (2015.08.16, 2022년 11월 29일 접속) So ein Mist ...—Guano-Gesetz von 1856. LTO. https://www.lto.de/recht/feuileton/f/rechtsgeschichte-usa-inseln-guano-island-acts/.

14. Gampert, C. (2011.07.25, 2022년 11월 29일 접속). Die turbulente Geschichte eines kleinen Inselstaates. Deutschlandfunk. https://www.deutschlandfunk.de/die-turbulente-geschichte-eines-kleinen-inselstaates-100.html.

15. IPBES (2016): Summary for policymakers of the assessment report of the Intergovernmental Science-Policy Platform on Biodiversity and Ecosystem Services on pollinators, pollination and food production. Pott, S.G., Imperatriz-Fonseca, V. I., Ngo, H. T., ... & Viana, B. F.,(eds). IPBES secretariat, Bonn, Germany: DOI: https://doi.org/10.5281/zenodo.2616458. p. 8: 1장과 2장.

16. Ibidem. p. 8: 2장.

17. IPBES (2016), ibidem, p. 8: 3장.

18. Ibidem. p. 14.

19. Bayerisches Staatsministerium für Umwelt und Verbraucherschutz (2022년 11월 29일 접속). Volksbegehren "Artenvielfalt und Naturschönheit in Bayern". Bayerisches Staatsministerium für Umwelt und Verbraucherschutz. https://www.stmuv.bayern.de/themen/naturschutz/bayerns_naturvielfalt/volksbegehren_artenvielfalt/index.htm.

20. Roth, D. (2022.02.08, 2022년 11월 29일 접속) "Rettet die Bienen": Was das Volksbegehren in Bayern gebracht hat. *National Geographic.* https://www.nationalgeographic.de/umwelt/2022/02/rettet-die-bienen-was-das-volksbegehren-in-bayern-gebracht-hat.

21. IPBES (2016), ibidem, p. 23.

22. Hemp, A. (2005). Climate change-driven forest fires marginalize the impact of ice cap wasting on Kilimanjaro. *Global Change Biology*, 11(7), 1013-1023.

23. Padberg, A. (2022년 11월 29일 접속). Tsunami—Gefahr aus dem Meer. Welthungerhilfe. https://www.welthungerhilfe.de/informieren/themen/klimawandel/naturkatastrophen/tsunami-ursachen-und-hintergruende/.

24. World Wide Fund For Nature (2005.10.28, 2022년 11월 29일 접속). Mangroves Shielded Communities Against Tsunami. *ScienceDaily.* www.sciencedaily.com/releases/2005/10/051028141252.htm.

25. Deutsche Stiftung Meeresschutz (2022년 11월 29일 접속). Mangroven und Mangrovenwälder. Deutsche Stiftung Meeresschutz. https://www.stiftung-meeresschutz.org/foerderung/mangroven/.

26. Ibidem.

27. Earth Economics (2021). The Sociocultural Significance of Pacific Salmon to Tribes and First Nations. https://statici.squarespace.com/static/561dcdc6e4b039470e9afcoo/t/60c257dd24393c6a6c1bee54/1623349236375/The-Sociocultural-Significance-of-Salmon-to-Tribes-and-First-Nations.pdf.

28. Methorst, J., Bonn, A., Marselle, M., ... & Rehdanz, K. (2021). Species richness is positively related to mental health—a study for Germany. *Landscape and Urban Planning, 211*, 104084.

29. Methorst, J., Rehdanz, K., Mueller, T., Hansjürgens, B., Bonn, A. & Böhning-Gaese, K. (2021). The importance of species diversity for human well-being in Europe. *Ecological Economics, 181*, 106917.

30. IPBES (2019). Ibidem, p. 23: Grafik SPM.1.

31. Ibidem, p. 22: 1장.

32. World Wide Fund For Nature (2020). WWF-Analyse: Waldverlust in Zeiten der Corona-Pandemie—Holzeinschlag in den Tropen. Winter, S. & Shapiro, A.(eds), WWF-Deutschland, Berlin, Germany. https://www.wwf.de/fileadmin/ fm-ww/Publikationen-PDF/WWF-Analyse-Waldverlust-in-Zeiten-der-Corona-Pandemie.pdf. p. 11.

33. Bundesministerium für wirtschaftliche Zusammenarbeit und Entwicklung (2014). Nachhaltige Energie für Entwicklung—Die Deutsche Entwicklungs-zusammenarteit im Energiesektor. BMZ. https://www.bmz.de/resource/blob/ 23324/c258bb62cb8026cc6bb8ofcf3682dfod/materialie236-informationsbroschuere-01-2014-data.pdf. p. 20.

34. Dasgupta, P. (2021). Ibidem, p. 37.

35. United Nations Environment Programme (2021). Making Peace with Nature: A scientific blueprint to tackle climate, biodiversity and pollution emergencies. UNEP, Nairobk, Kenya. https://www.unep.org/resources/global-assessments-sythesis-report-path-to-sustainable-furute. p. 4.

36. Bundesministerium für wirtschaftliche Zusammenarbeit und Entwicklung (2020). In Biodiversität investieren—Überleben sichern. BMZ. https://www. bmz.de/resource/blob/49492/2c10fb289ca228faa9c56398877o13e/smaterialie 525-biodiversitaet-data.pdf.

37. Howe, H. F., & Smallwood, J. (1982). Ecology of seed dispersal. *Annual Review of Ecology and Systematics, 13*, 201-228.

38. Hachtel, W. (1999.03.10, 2022년 11월 29일 접속). Killerwale dezimieren See-otter. *Spektrum*. https://www.specktrum.de/magazin/killerwale-dezimieren-seeotter/825251.

39. Estes, J. A., Tinker, M. T., Williams, T. M., & Doak, D. F. (1998). Killer whale predation on sea otters linking oceanic and nearshore ecosystems. *Science, 282*(5388), 473-476.

40. Hachtel, W. Ibidem.

41. Albat, D. (2022..03.14). Artenreiche Tangwälder. Wissenschaft.de. https://www.wischenschaft.de/erde-umwelt/artenreiche-tangwaelder/.

42. Hachtel, W. Ibidem.

43. Schulze, S. (2022.06.14.). Biologische Vielfalt—Unsere gemeinsame Verant-wortung. BMZ. https://www.bmz.de/de/aktuelle/reden/ministerin-svenja-schulze/220614-rede-schulze-biodiversitaet-113732.

4 아니, 문제는 플라스틱이 아니야

1. Sea Turtle Biologist (2015.08.11, 2022년 12월 1일 접속). Sea Turtle with Straw up its Nostril—"NO" TO SINGLE-USE PLASTIC 〔Video〕. YouTube. https://www.youtube.com/watch?v=4wH878t78bw.

2. Ibidem.

3. IPBES (2019). Ibidem, p. 13: B3장.

4. Plastic Ocean Project (2022년 12월 1일 접속). Jo Ruxton. plastic-oceanproject.org. https://www.plasticoceanproject.org/joruxton.html.

5. Bundesregierung Deutschland (2021.07.04, 2022년 12월 1일 접속). Einweg-Plastik wird verboten. Bundesregierung Deutschland. https://www.bundes regierung.de/breg-de/themen/nachhaltigkeitspolitik/einwegplastik-wird-verboten-1763390.

6. Deliciouseday (2012.04.02, 2022년 12월 1일 접속). First Country to Ban Plastic Bag: Rwanda! https://www.thedeliciousday.com/environment/rwanda-plastic-bag-ban/.

7. Buchholz, K. (2021.07.02, 2022년 12월 1일 접속). The Countries Banning Plastic Bags. Statista.com. https://statista.com/chart/14120/the-countries-banning-

plastic-bags/#:~:text=According%20to%20United%20Nations%20paper%20 and%20several,limit%20plastic%20use%20are%20located%20in%20Europe.

8. Karlsruher Institut für Technologie (2021.05.12, 2022년 12월 1일 접속). Globale Landnutzungsänderung größer als gedacht. KIT. https://www.kit.edu/kit/ pi_2021_044_globale-landnutzungsanderungen-grosser-als-gedacht.php.

9. Winkler, K., Fuchs, R., Rounsevell, M., & Herold, M. (2021). Global land use changes are four times greater than previously estimated. *Nature Communications, 12*(1), 1-10.

10. Die Gold-Flüsse im Inka-Land und ihre dunkle Seite (2021.02.12, 2022년 12월 1일 접속). *Stern*. https://www.stern.de/panorama/weltgeschehen/ spektakulaeres-nasa-foto-zeigt-die-gold-fluesse-im-ehemaligen-inka-reich-30374224.html.

11. Nasa-Fotos zeigen riesiges "Gold-Flüsse" (2021.02.12, 2022년 12월 1일 접속). n-tv. https://www.n-tv.de/wissen/Nasa-Fotos-zeigen-riesige-Gold-Fluesse-article22357414.html.

12. Leitzell, K. (2009.02.06, 2022년 12월 1일 접속). Finite Forests. EarthData. https://www.earthdata.nasa.gov/learn/sensing-our-planet/finite-forests.

13. World Wide Fund For Nature (2022년 12월 1일 접속). State of Forests in Kenya. WWF-Kenya. https://www.wwfkenya.org/keep_kenya_breating_/ state_of_forest_in_kenya/.

14. Mbuvi, S. (2021.06.18, 2022년 12월 1일 접속). Forest and Forest Cover in Kenya. kenyacradle.com. https://kenyacradle.com/forest-in-kenya/.

15. Kenya has lost nearly half its forests—time for the young to act (2019.08.12, 2022년 12월 1일 접속). theafricareport.com. https://www.theafricareport. com/16150/kenya-has-lost-nearly-half-its-forests-time-for-the-young-to-act/.

16. United Nations (2022년 12월 1일 접속). Kenya Demographic Profiles Line Charts. population.un.org. https://population.un.org/wpp/Graphs/DemographicProfiles/ Line/404.

17. Kenya Population Growth Rate 1950-2022 (2022년 12월 1일 접속). macrotrends.

net. https://www.macrotrends.net/countries/KEN/kenya/population-growth-rate.

18. Deutsch-Französisches Institut (2022년 12월 1일 접속). Tullas Rheinkorrktur. Deutsch-Französisches Institut. https://www.nachhaltige-entwicklung-bilingual.eu/de/erinnerungsorte/die-rheinkorrektur/tullas-rheinkorrektur.html.

19. Töpfer, K. & Bauer, F. (2007). Arche in Aufruhr: Was wir tun müssen, um die Erde zu retten: Was wir tun können, um die Erde zu retten. S. Fischer Verlag.

20. Kölz, B.& Stadler, G. (2019, 2022년 12월 1일 접속). Der Tagliamenton—König der Alpenflüsse [Video]. 3Sat.de. https://www.3sat.de/dokumentation/natur/der-tagliamento-108.html.

21. IPBES (2019). Ibidem. p. 12: B1장.

22. Ritchie, H. & Roser, M. (2018.09, 2022년 12월 1일 접속). Urbanization. OurworldinData.org. https://ourworldindata.org/urbanization.

23. BBC News (2017.08.21, 2022년 12월 1일 접속). Lagos: The megacity set to triple by 2050 [Video]. BBC.com. https://www.bbc.com/news/av/world-africa-41004638.

24. The Growth of Lagos—How fast Lagos is growing? (2022년 12월 1일 접속). internetgeography.net. https://www.internetgeography.net/topics/the-growth-of-lagos/#:~:text=As%20we%20explored%20in%20the%20last%20section%20the,the%20populations%20of%20the%20surrounding%20area%20is%20included.

25. Greenpeace (2022년 12월 1일 접속). Welche Fangemethoden gibt es? Greenpeace.de. https://www.greenpeace.de/biodiversitaet/meere/fischerei/fangmethoden.

26. Stadie, V. (1992.09.22, 2022년 12월 2일 접속). Schleppnetz-Fischerei zerstört Nordsee-Boden. taz. https://taz.de/Schleppnetz-Fischerei-zerstoert-Nordsee-Boden/!1651873/.

27. Greenpeace (2022년 12월 2일 접속). Leere Meere verhindern. Greenpeace.de. https://www.greenpeace.de/biodiversitaet/meere/fischerei.

28. Dambecek, H. (2010.01.12, 2022년 12월 14일 접속). Piraterie stärkt Fischbestände. *Der Spiegel*. https://www.spiegel.de/wissenschaft/natur/ostafrika-piratere-staerkt-fischbestaende-a-671468.html.

29. International Rhino Foundation (2022년 12월 2일 접속). Facing down a crisis— how we almost lost the white rhino. Rhinos.org. https://rhinos.org/blog/facing-down-a-crisis-how-we-almost-lost-the-white-rhino/.

30. Emslie, R. H., Milledge, S., Brooks, M. & H. T. Dublin (2007). African and Asian rhinoreroses-status, conservation and trade. A report from the IUCN Species Survival Commission(IUCN/SSC) Afrian and Asian Rhino Specialist Groups and TRAFFIC to the CITES Secretariat. https://www.rhinoresources center.com/pdf_files/118/1181374230.pdf. p. 9.

31. Bega, S. (2021.12.14, 2022년 12월 1일 접속). South Africa witnesses alaring spike in rhino poaching. Mail & Guardian. https://mg.co.za/environment/2021-12-14-south-africa-witnisses-alarming-spike-in-rhino-poaching/.

32. Benitez-López, A., Alkemade, R., Schipper, A. M., Ingram, D. J., Verweij, P. A., Eikelboom, J. A., & Huijbregts, M. A. J. (2017), The impact of hunting on tropical mammal and bird populations. *Science, 356*(6334), 180-183.

33. Redford, K. H. (1992). The empty forest. *BioScience, 42*(6). 412-422.

34. IUCN (2022, 2022년 12월 2일 접속). The IUCN Red List of Threatened Species. Version 2022-1. https://www.iucnredlist.org.

35. Edwards, D. P., Socolar, J. B., Mills, S. C., Burivalova, Z., Koh, L. P., & Wilcove, D. S. (2019). Conservation of tropical forests in the anthropocene. *Current Biology, 29*(19), R.1008-R1020.

36. IPBES (2019), Ibidem. p. 28: 10장.

37. Time left till the end of rainforests (2022년 12월 2일 접속). theworldcounts. com. https://www.theworldcounts.com/challenge/planet-earth/state-of-the-planet/when-will-the-rainforests-be-gone.

38. Hamrud, E. (2021.04.30, 2022년 12월 2일 접속). Fact Check: Will The Oceans Be Empty of Fish by 2048. And Other Seaspiracy Concerns. sciencealert. com. https://www.sciencealert.com/no-the-oceans-will-not-be-empty-of-fish-by-2048.

39. IPCC (2022). Summary for Policymakers. Pörtner, H.-O., Roberts, D. C., Poloczanska, & Okem, A.(eds.). Cambridge University Press, Cambridge, UK and New York, NY, USA, pp. 3-33. https://www.ipcc.ch/report/ars/wg2/downloads/report/IPCC_AR6_WGII_SummaryForPolicymakers.pdf. p. 15.

40. Chen, I. C., Hill, J. K., Ohlemüller, R., Roy, D. B., & Thomas, C. D. (2011). Rapid range shifts of species associated with high levels of climate warming. *Science, 333*(6045), 1024-1026.

41. Bowler, D. E., Hof, C., Haase, P., ... & Böhning-Gaese, K. (2017). Cross-realm assessment of climate change impacts on species' abundance trends. *Nature Ecology & Evolution, 1*(3), 1-7.

42. Lemione, N., Bauer, H. G., Peintinger, M. & Böhning-Gaese, K. (2007). Effects of climate and land-use change on species abundance in a central European bird community. *Conservation Biology, 21*(2), 495-503.

43. IPBES (2019). Ibidem. p. 32: 14장.

44. Hof, C., Levinsky, I., Araujo, M.B., & Rahbek, C. (2011). Rethinking species' ability to cope with rapid climate change. *Global Change Biology, 17*(9), 2987-2990.

45. Lindsey, R. (2022.04.19, 2022년 12월 2일 접속). Climate Change: Global Sea Level. NOAA. https://www.climate.gov/news-features/understanding-climate/climate-change-global-sea-level.

46. Nunez, C. (2022.02.15, 2022년 12월 2일 접속). Sea level rise, explained, *National Geographic*. https://www.nationalgeographic.com/environment/article/sea-level-rise-1.

47. Blue Action Fund (2022). A Lifeline for the Ocean. Blue Action Fund. Frankfurt am Main, Germany. https://www.blueactionfund.org/wp-content/uploads/

2019/04/About_us_brochure.pdf. p. 3.

48. KfW Entwicklungsbank (2017.11.10, 2022년 12월 2일 접속). Mehr in den Küstenschutz investieren. KfW Entwicklungsbank. https://www.kfw-entwicklungsbank.de/Internationale-Finanzierung/KfW-Entwicklungsbank/News/News-Details_441280.html.

49. Potsdam-Institut für Klimafolgenforschung (2021.05.18, 2022년 12월 2일 접속). Neue Frühwarnsignale: Teile des grönländischen Eisschildes könnten Kipppunkt überschreiten. PIK. https://www.pik-potsdam.de/aktuelles/nachrichten/neue-fruehwarnsignale-teile-des-groenlandischen-eisschildes-koennten-kipppunkt-ueberschreiten.

50. Potsdam-Institut für Klimafolgenforschung (2021.05.05, 2022년 12월 2일 접속). Die Begrenzung der globalen Erwärmung auf 1.5°C könnte den Meeresspiegelanstieg um 50 Prozent reduzieren. PIK. https://www.pik-potsdam.de/aktuelles/nachrichten/die-begrenzung-der-globalen-erwaermung-auf-1-5degc-koennten-den-meeresspiegelanstieg-um-50-prozent-reduzieren.

51. Dönges, J. (2016.06.14, 2022년 12월 2일 접속). Erstes Säugetier durch Klimawander ausgestorben. *Spektrum*. https://www.spektrum.de/news/erstes-saeugetier-durch-klimawandel-ausgestorben/1413510.

52. Universität Konstanz (2021.02.03, 2022년 12월 14일 접속). Korallen verhungern noch bevor sie bleichen. Universität Konstanz. https://www.uni-konstanz.de/universitaet/aktuelles-und-medien/aktuelle-meldungen/aktuelles/korallen-verhungern-bevor-sie-bleichen/.

53. Korallenbleichen in 98 Prozent des Great Barrier Reefs (2021.11.06, 2022년 12월 2일 접속). forschung-und-lehre. https://www.forschung-und-lehre.de/forschung/korallenbleichen-in-98-prozent-des-great-barrier-reefs-4155.

54. IPBES (2019). Ibidem. p. 39: 28장.

55. Veeraraghav, A. (2022.02.15, 2022년 12월 2일 접속). Endangered koalas emphasize consequences of climate change. dailycampus.com. https://dailycampus.com/2022/02/15/endangered-koalas-emphasize-consequences-

of-climate-change/.

56. Hollinsworth, J. (2019.09.09, 2022년 12월 2일 접속). Australia's severe fires an 'omen' of blazes to come. CNN. https://edition.cnn.com/2019/09/09/australia/australia-wildfires-omen-intl-hnk-scli/index.html.

57. World Wide Fund For Nature (2020.12.07, 2022년 12월 2일 접속). 60000 koalas impacted by bushfire crisis. WWF-Australia. https://www.wwwf.org.au/news/news/2020/wwf-60000-koalas-impacted-by-bushfire-crisis.

58. Woinarski, J, & Burbidge, A. A. (2020). Phascolarctos cinereus (amended version of 2016 assessment). The IUCN Red List of Threatened Species 2020: e.T16892A166496779. https://dx.doi.org/10.2305/IUCN.UK.2020-1.RLTS.T16892A166496779.en.

59. Ghai, R. (2022.02.11, 2022년 12월 2일 접속). How climate change has pushed the koala towards 'Endangered' status. downtoearth.org. https://www.downtoearth.org.in/news/wildlife-biodiversity/how-climate-change-has-pushed-the-koala-towards-endangered-status-81528.

60. IPCC (2022). ibidem. https://www.ipcc.ch/report/ar6/wg2/downloads/report/IPCC_AR6_WGII_SummaryForPolicymakers.pdf. p. 14.

61. Ibidem.

62. Mayer, A. (2016.10.25, 2022년 12월 2일 접속). 32 Jahre Sandoz-Unfall 1986 in Basel am Rhein aus Sicht des BUND. BUND-RVSO. https://www.bund-rvso.de/sandoz-unfall.html?msclkid=a19edde5ce9611ec8oe62766bdbab437.

63. Kirchner, S. (2019.08.10, 2022년 12월 2일 접속). Zu viel Stickstoff in den Böden. *Frankfurter Rundschau*. https://www.fr.de/wissen/viel-stickstoff-boeden-12901527.html.

64. Umweltbundesamt (2022.12.01, 2022년 12월 1일 접속). Überschreitung der Belastungsgrenzen für Eutrophierung. Umweltbundesamt. https://www.umweltbundesamt.de/daten/flaeche-boden-land-oekosysteme/land-oekosysteme/ueberschreitung-der-belastungsbegrenzen-fuer-o#ziele-und-massnahmen-zur-verringerung-der-stickstoffeintrage.

65. Römer, J. (2022.03.28, 2022년 12월 2일 접속). Studie zeigt deutliche Zunahme der globalen Ammoniak-Emmisionen. *Der Spiegel.* https://www.spiegel. de/wissenschaft/mensch/studie-zeigt-deutliche-zunahme-der-globalen-ammoniak-emmissionen-a-ba123405-3b2b-4e62-a42c-44c14abao95o?msclkid= 8aa7co6fce9f11ecb139codc8af5oao5.

66. Mohr, K., Suda, J., Kros, H., ... & Wesseling, W. (2015). Atmosphärische Stickstoffeinträge in Hochmoore Nordwestdeutschlands und Möglichkeiten ihrer Reduzierung—eine Fallstudie aus einer landwirtschaftlich intensiv genutzten Region. Braunschweig. Johann Heinrich von Thünen-Institut, 108 p, Thünen Rep 23.

67. United Nations (2021). The Second World Ocean Assessment. United Nations. New York, USA. https://www.un.org/regularprocess/sites/www.un.org. regularprocess/files/2011859-e-woa-ii-vol-i.pdf. p. 8.

68. National Park Service (2022년 12월 2일 접속). Invasive Zebra Mussels. National Park Service. https://www.nps.gov/articles/zebra-mussels.htm.

69. National Park Service (2022년 12월 2일 접속). Burmese Python. National Park Service. https://www.nps.gov/articles/zebra-mussels.htm.

70. Meyer, K. (2015.07.24, 2022년 12월 2일 접속). Tigermücke setzt sich in Südbaden fest. *Badische Zeitung.* https://www.badische-zeitung.de/freiburg/ die-tigermuecke-setzt-sich-in-suedbaden-fest-108264273.html.

71. Regierungspräsidium Gießen (2018.12). Krebstpest—Tödliche Gefahr für heimische Krebse. Regierungspräsidium Gießen. https://natureg.hessen.de/ resources/recherche/Schutzgebiete/GI/Sonstige/Flyer_Invasive_Krebse.pdf.

72. Wendler, S. & Theissinger, K. (2021.08.20, 2022년 12월 2일 접속). Der Untergang der Europäischen Flusskrebs: Wenn Wirtschaft über Naturschutz siegt. senckenberg.de. https://www.senckenberg.de/de/pressemeldungen/ der-untergang-der-europaeischen-flusskrebse-wenn-wirtschaft-ueber-naturschutz-siegt/.

73. IPBES (2019). Ibidem. p. 13: B3장.

74. Jördens, J. & Haubrock, P. J. (2022.02.09, 2022년 12월 1일 접속). Invasive Arten: Vorsorge könnte weltweit eine Billion Euro einsparen. senckenberg. de. https://www.senckenberg.de/de/pressemeldungen/invasive-arten-vorsorge-koennte-weltweit-eine-billion-euro-einsparen/.

75. Roser, M., Ritchie, H., Ortiz-Ospina, E. & Rodés-Guirao L. (2013, 2022년 12월 2일 접속). World Population Growth. Ourworld-inData.org. https://ourworldindata.org/world-population-growth.

76. How many Earths? How many countries? (2022년 12월 2일 접속). overshootday. org. https://www.overshootday.org/how-many-earths-or-countries-do-we-need/.

77. Dasgupta, P. (2021). Ibidem. p. 118.

78. United Nations Population Fund (2022.03.30, 2022년 12월 2일 접속). Nearly half of all pregnancies are unintended—a global crisis, says new UNFPA report. United Nations Population Fund. https://www.unfpa.org/press/nearly-half-all-pregnancies-are-unintended-global-crisis-says-new-report.

5 모두를 위한 식량! 하지만 종의 소멸 없이

1. United Nations Population Fund (2022.11.15, 2022년 12월 6일 접속). Day of 8 Billion. United Nations Population Fund. https://www.unfpa.or/events/day-of-8-billion.

2. Welthungerhilfe (2022년 12월 6일 접속). Hunger: Verbreitung, Ursachen & Folgen. Welthungerhilfe. https://www.welthungerhilfe.de/hunger/.

3. Ibidem.

4. Bauer, F. & Ziller, D. (2022년 12월 6일 접속). Wir entfernen uns gerade wieder von SDG 2. KfW Entwicklungsbank. https://www.kfw-entwicklungsbank.de/Unser-Themen/SDGs/SDG-2/Interview-Ziller/.

5. Bandsom, K. (2021.02.08, 2022년 12월 6일 접속). Befragung: Cornona steigert Hunger. Welthungerhilfe. https://www.welthungerhilfe.de/corona-spenden/

alliance2015-studie-corona-pandemie-verschaerft-hunger/.

6. Jering, A., Klatt, A., Seven, J., ... & Mönch, L. (2013). Globale Landflächen und Biomasse. Umweltbundesamt. https://www.umweltbundesamt.de/sites/ default/files/medien/479/publikationen/globale_landflaechen_biomasse_bf_ klein.pdf. p. 12.

7. Food and Agriculture Organization of the United Nations (2004). What is happening to agrobiodiversity? Building on gender, agrobiodiversity and local knowledge. FAO.

8. Hallmann, C. A., Sorg, M., Jongejans, E., ... & de Kroon, H. (2017). More than 75 percent decline over 27 years in total flying insect biomass in protected areas. *PloS one, 12*(10), eo 185809.

9. Habel, J. C., Segerer, A., Ulrich, W., ... & Schmitt, T. (2016). Butterfly community shifts over two centuries. *Conservation Biology, 30*(4), 754-762.

10. Nationale Akademie der Wissenschaften Leopoldina, Deutsche Akademie der Technikwissenschaften & Union der deutsche Akademien der Wissenschaften (2020). Biodiversität und Management von Agrarlandschaften—Umfassendes Handeln ist jetzt wichtig. Halle (Saale), Germany. pp. 10-11.

11. NABU (2022년 12월 9일 접속). Rote Liste das heimischen Wildpflanzen, NABU. https://www.nabu.de/tiere-und-pflanzen/artenschutz/roteliste/25607. html.

12. Ahrens, S. (2022.12.09, 2022년 12월 14일 접속). Ernährte Personen durch einen Landwirt in Deutschland bis 2020. Statista.com. https://de.statista.com/ statistik/daten/studie/201243/umfrage/anzahl-der-menschlichen-die-durch-einen-landwirt-ernaehrt-werden/.

13. Deutscher Bauernverband (2022). Situationsbericht 2022/23—Trends und Fakten zur Landwirtschaft. Deutscher Bauernverband e. V. Berling, Germany. https://magazin.diemayrei.de/storage/media/1ed75fd6-6af3-6bec-b3do-5254a 201e2da/Sit_2023_Kapitel1.pdf. p. 17.

14. Nationale Akademie der Wissenschaften Leopoldina, Deutsche Akademie der

Technikwissenschaften & Union der deutsche Akademien der Wissenschaften (2020). Ibidem, p. 25.

15. Simon-Delso, N., Amaral-Rogers, V., Belzunces, L. P. ... & Wiemers, M. (2015). Systemic insecticides (neonicotinoids and fipronil): trends, uses, mode of action and metabolites. *Environmental Science and Pollution Research*, *22*(1), 5-34.

16. Nationale Akademie der Wissenschaften Leopoldina, Deutsche Akademie der Technikwissenschaften & Union der deutsche Akademien der Wissenschaften (2020). Ibidem, p. 25.

17. Bundesministerium für Ernährung & Landwirtschaft (2022년 12월 9일 접속). Betriebsstruktur in der Landwirtschaft. BMEL. https://www.bmel-statistik.de/landwirtschaft/landwirtschaftliche-betriebe/?L=o

18. Deutscher Bauernverband (2022). Ibidem.

19. Deter, A. (2022년 12월 9일 접속). Immer mehr Landwirt leiden unter Burn-out. TopAgrar.com. https://www.topagrar.com/management-und-politik/news/immer-mehr-landwirte-leiden-unter-burn-out-9586381.html.

20. Deter, A. (2021.06.06, 2022년 12월 9일 접속). Brunout & Depression: Immer mehr Bauern an Belastungsgrenze. TopAgrar.com. https://www.topagrar.com/panorama/news/burnout-depression-immer-mehr-bauern-an-belastungsgrenze-12584448.html.

21. Tück, S. L., Winqvist, C., Mota, F. ... & Bengtsson, J. (2014). Landuse intensity and the effects of organic farming on biodiversity: a hierarchical meta-analysis. *Journal of Applied Ecology, 51*(3), 746-755.

22. Umweltbundesamt (2022.11.29, 2022년 12월 9일 접속). Ökologischer Landbau, Umweltbundesamt. https://www.umweltbundesamt.de/daten/land-forstwirtschaft/oekologier-landbau#okolandbau-in-deutschland.

23. Eurostat (2022.02.22, 2022년 12월 19일 접속). EU's organic farming area reaches 14.7 million hectares. Eurostat. https://ec.europa.eu/eurostat/de/web/products-eurostat-news/-/ddn-20220222-1.

24. Forschungsinstitut für biologischen Landbau (2021.02.17, 2022년 12월 19일 접속). Global organic area continues to grow—Over 72.3 million hectares of farmland are organic. FiBL. https://www.fibl.org./en/info-centre/news/global-organic-area-continues-to-grow-over-723-million-hectares-of-farmland-are-organc.

25. SPD, Bündnis 90/Die Grünen, FDP (2021). Mehr Fortschritt wagen. Bündnis für Freiheit, Gerechtigkeit und Nachhaltigkeit, Koalitionsvertrag 2021-2025. https://www.bundesregierung.de/resource/blob/974430/1990812/04221173ee f9a6720059cc353d759a2b/2021-12-10-koav2021-data.pdf?download=1. p. 46.

26. European Commission (2022년 12월 9일 접속). Organic action plan. European Commission. https://agriculture.ec.europa.eu/farming/organic-farming/organic-action-plan_en.

27. Umweltbundesamt (2022.07.27, 2022년 12월 9일 접속). Ökolandbau. Umweltbundesamt. https://www.umweltbundesamt.de/themen/boden-landwirtschaft/landwirtschaft-umweltfreundlich-gestalten/oekolandbau#Umweltleistungen%20 des%20%C3%96kolandbaus.

28. Slow Food Deutschland (2022년 12월 9일 접속). Alblinse. slowfood.de. https://www.slowfood.de/was-wir-tun/projekte-aktionen-und-kampagnen/presidi/alblinse.

29. Hartmann, B. (2022년 12월 9일 접속). Heimkehr einer Hülsenfrucht. *Stuttgarter Nachrichten*. https://www.stuttgarter-nachrichten.de/inhalt.alblinsen-heimkehr-einer-huelsenfrucht.2a455bd6-064f-417f-bf23-ff25c02314c9.html.

30. F.R.A.N.Z. (2020). Zwischenbilanz 2020. Für Ressourcen, Agrarwirtschaft & Naturschutz mit Zukunft (F.R.A.N.Z.). https://www.franz-projekt.de/uploads/Downloads/Veranstaltungen/FRAZN%20Zwischenfazit_2020_pdf (전체 행 인용).

31. Bundesministerium für Landwirtschaft & Ernährung (2022). Digitalisierung in der Landwirtschaft—Chance nutzen—Risiken minimieren. BMEL. https://www.bmel.de/SharedDocs/Downloads/DE/Broschueren/digitalpolitik-landwirtschaft.pdf?_blob=publicationFile&v=9.

32. Grüne Stadt Logistik (2022년 12월 9일 접속). Emmissionsfree Transportlösung für die Stadt. https://www.grünestadtlogistik.de/.

33. Eruopean Commission (2022년 12월 9일 접속). Die gemeinsame Agrarpolitik. agriculture.ec.europa.eu. https://agriculture.ec.europa.eu/common-agricultural-policy/capoverview/cap-glance_de.

34. Ibidem.

35. EU überweist 6,7 Milliarden Euro an Agrarsubventionen nach Deutschland. (2020.05.29, 2022년 12월 9일 접속). Handelsblatt. https://www.handelsbaltt.com/politik/international/landwirtschaft-und-ernaehrung-eu-ueberweist-6-7-milliarden-euro-an-agrarsubventionen-nach-deutschland/25871582.html.

36. Bundesinformationszentrum Landwirtschaft (2022.08.25, 2022년 12월 9일 접속). Wie funktioniert die Gemeinsame Agrarpolitik der EU? Bundesinformationszentrum Landwirtschaft. https://www.landwirtschaft.de/landwirtschaft-verstehen/wie-funktioniert-landwirtschaft-heute/wie-funktioniert-die-gemeinsame-agrarpolitik-der-eu.

37. Bundesinformationszentrum Landwirtschaft (2022.08.25, 2022년 12월 9일 접속). Ibidem.

38. Nationale Akademie der Wissenschaften Leopoldina, Ibidem. p. 39. Eigene Berechnung der Jahre 2010-2016 nach Farm Accountancy Data Network (FADN) 2019, öffentliche Datenbank.

39. Nationale Akademie der Wissenschaften Leopoldina, Ibidem. p. 39.

40. 우크라이나 전쟁 때문에 식량 공급 확보를 위한 몇 가지 변동 사항이 2023년 딱 한 번 진행되었다. 예를 들어 이른바 종 다양성을 위해 경작지의 4퍼센트를 의무 적으로 쉬게 하는 조치다. Bundesministerim für Landwirtschaft & Ernährung (2022.08.06, 2022년 12월 9일 접속). Özdemir: Kompromiss zugunsten der Ernährungssicherung. BMEL.

41. Bundesinformationszentrum Landwirtschaft (2022.08.25, 2022년 12월 9일 접속). Wie funktioniert die Gemeinsame Agrarpolitik der EU? Ibidem.

42. Ibidem.

43. Ibidem.

44. Ibidem.

45. Deutscher Bundestag (2022.01.14, 2022년 12월 9일 접속). Minister Özdemir will neue Agrarpolitik. https://www.bundestag.de/dokumentierte/textarchiv/ 2022/kw02-de-landwirtschaft-874476.

46. Bundesministerium für Landwirtschaft & Ernährung (2022.05.25, 2022년 12월 9일 접속). Özdemir: Klimaschutz, Erhalt der Artenvielfalt und Ernährungssicherung nicht als Gegensätze betrachten. BMEL.

47. Lakner, S., & Breustedt, G. (2017). Efficiency analysis of organic farming systems a review of concepts, topics, results and conclusion. *German Jounal of Agricultural Economics, 66*(670-2020-978). 85-108.

48. Nationale Akademie der Wissenschaften Leopoldina, Ibidem. p. 35.

49. Kastner, T., Erb, K. H., & Haberl, H. (2014). Rapid growth in agricultural trade: effects on global area efficiency and the role of management. *Environmental Research Letters, 9*(3), 034015.

50. World Wide Fund For Nature (2022). Europe eats the world—How the EU's food production and consumption impact the planet. WWF European Policy Office, Brussels, Belgium. https://wwfeu.awsassets.panda.org/downloads/ europe_eats_the_world_report_ws.pdf. p. 10.

51. Food and Agriculture Organization of the United Nations (2019). The State of Food and Agriculture 2019. Moving forward on food loss and waste reduction. FAO, Rome, Italy. https://www.fao.org/3/ca6030en.pdf. p. 12.

52. Food and Agriculture Organization of the United Nations (2022년 12월 9일 접속). Nutrition. FAO. https://www.fao.org/nutrition/capacity-development/ food-loss-and-waste/en/.

53. World Wide Fund For Nature (2022). Europe eats the world, Ibidem. p. 16.

54. Statistisches Bundesamt (2019). Umweltökonomische Gesamtrechnung— Flächenbelegung von Ernährungsgütern tierischen Ursprungs 2010-2017. Destatis. https://www.destatis.de/DE/Themen/Gesellschaft-Umwelt/Umwelt/

UGR/landwirtschaft-wald/Publikationen/Downloads/flaechenbelegung-pdf-5851309.pdf?__blob=publicationFile. p. 12: 표 5.

55. Bundesinformationszentrum Landwirtschaft (2022.08.24, 2022년 12월 9일 접속). Was wächst auf Deutschlands Feldern? Bundesinformazionszentrum Landschaft. https://www.landwirtschaft.de/landwirtschaft-verstehen/wie-arbeiten-foerster-und-pflanzenbauer/was-waechst-auf-deutschlands-feldern.

56. Jering, A., Klatt, A., Seven, J., ... & Mönch, L. (2013). Globale Landflächen und Biomasse. Umweltbundesamt. https://www.umweltbundesamt.de/sites/default/files/medien/479/publikationen/globale_landflaechen_biomasse_bf_klein.pdf. p. 12.

57. Bundesinformationszentrum Landwirtschaft (2022.08.24, 2022년 12월 9일 접속). Ibidem.

58. Jering, A., Klatt, A., Seven, J., ... & Mönch, L. (2013). p. 12.

59. Willett, W., Rockström, J., Loken, B., ... & Murray, C. J. (2019). Food in the Anthropocene: the EAT-Lancet Commission on healthy diets from sustainable food systems. *The Lancet, 393*(10170), 447-492. p. 488.

60. Willett, W., Rockström, J., Loken, B., ... & Murray, C. J. (2019). Ibidem, 447-492.

61. Bundesministerim für wirtschaftliche Zusammenarbeit und Entwicklung (2017). Partner für den Wandel. Stimmen gegen den Hunger. EINEWELT—Unsere Verantwortung. BMZ. https://www.bmz.de/resource/blob/23310/8f86a2c4d1526b26352c4d1526b26352bc52389d581e4/materialie321-stimmen-gegen-hunger-data.pdf. p. 6.

62. Ibidem.

63. Ibidem.

64. Wissenschaftlicher Beirat der Bundesregierung Global Umweltveränderungen (2020). Landwende im Anthropozä: Von der Konkurrenz zur Integration. WBGU. https://www.wbgu.de/fileadmin/user_unload/wbgu/publikationen/hauptgutachten/hg2020/pdf/WBGU_HG2020.pdf. p. 134.

65. Bruzzone, B. (2021.04.12, 2022년 12월 9일 접속). Agriculture in Africa 2021: Focus Report. Oxford Business Group. https://oxfordbusinessgroup.com/blog/bernardo-bruzzone/focus-reports/agriculture-africa-2021-focus-report.

66. African Union (2021.02.22, 2022년 12월 9일 접속). The Comprehensive African Agricultural Development Programme. African Union. https://au.int/en/articles/cemprehensive-african-agricultural-development-programme.

67. Bundesministerim für wirtschaftliche Zusammenarbeit und Entwicklung (2017). Ibidem. BMZ. p. 53.

68. Helbig-Bonitz, M., Ferger, S. W., Böhning-Gaese, K., … & Kalko, E. K. (2015). Bats are not birds—different responses to human landuse on a tropical mountain. *Biotropica*, 47(4), 497-508.

69. Hemp, C. (2005). The Chagga home gardens—relict areas for endemic Saltatoria species (Insecta: Orthoptera) on Mount Kilimanjaro. *Biological Conservation*, 125(2), 203-209.

70. Mganga, K. Z., Razavi, B. S., & Kuzyakov, Y. (2016). Land use effects soil biochemical properties in Mt. Kilimanjaro region. *Catena, 141*, 22-29.

71. KfW Entwicklingsbank (2022.08, 2022년 12월 9일 접속). Schutz von natürlichen Ressourcen und Landwirtschaft in Indien. KfW Entwicklungsbank. https://www.kfw-entwicklungsbank.de/Weltweites-Engagement/Asien/Indien/Projekinformation-Agrar%C3%B6kologie/.

72. Wissenschaftlicher Beirat der Bundesregierung Global Umweltveränderungen (2020). Ibidem, p. 1.

6 자연에게 공간을 내주기

1. National Park Service (2019.07.18, 2022년 12월 20일 접속). John Muir. National Park Service. https://www.nps.gov/articles/john-muir.htm.

2. National Park Service (2021.08.26, 2022년 12월 20일 접속). Roosevelt, Muir, and the Grace of Place. National Park Service. https://www.nps.gov/yose/

learn/historyculture/roosevelt-muir-and-the-grace-of-place.htm.

3. National Park Service (2017.11.16, 2022년 12월 20일 접속). Theodore Roosevelt and Conservation. National Park Service. https://www.nps.gov/yose/learn/historyculture/roosevelt-muir-and-the-grace-of-place.htm.

4. Dasgupta, P. (2021), The Economics of Biodiversity: The Dasgupta Review. Ibidem. p. 118.

5. IUCN (2010). 50 Years of Working for Protected Areas. IUCN, Gland, Switzerland. p. 2.

6. Ibidem, p. 1.

7. United Nations Environment Programme World Conservation Monitoring Centre & IUCN (2021). Protected Planet Report 2020. UNEP-WCMC, Cambridge, United Kingdom; and IUCN, Gland, Switzerland.

8. Bundesamt für Naturschutz (2022년 12월 20일 접속). Schutzgebiete. BfN. https://www.bfn.de/schutzgebiete.

9. Bundesamt für Naturschutz (2023년 1월 9일 접속). Naturschutzgebiete in Deutschland. BfN. https://www.bfn.de/daten-und-fakten/naturschutzgebiete-deutschland.

10. Bundesamt für Naturschutz (2023년 1월 9일 접속). Wildnis. BfN. https://www.bfn.de/wildnisgebiete.

11. Bundesamt für Umwelt, Naturschutz, nukleare Sicherheit und Verbraucherschutz (2022.02.28, 2023년 1월 9일 접속). Natura 2000. BMUV. https://www.bmuv.de/themen/naturschutz-artenvielfalt/naturschutz-biologische-vielfalt/gebietsschutz-und-vernetzung/natura-2000.

12. United Nations Environment Programme World Conservation Monitoring Centre (2020.12.24, 2022년 12월 20일 접속). IUCN Protected Area Management Categories. UNEP-WCMC. https://www.biodiversitya-z.org/content/iucn-protected-area-management-categories.

13. Cazalis, V., Princé, K., Milhoub, J. B., ... & Rodrigues, A. S. (2020). Effectiveness of protected areas in conserving tropical forest birds. *Nature Communications,*

11(1), 1-8.

14. Barnes, M. D., Craigie, I. D., Harrison, L. B. ... & Woodley, S. (2016). Wildlife population trends in protected areas predicted by national socio-economic metrics and body size. *Nature Communications, 7*(1), 1-9.

15. Bolam, F. C., Mair, L., Angelico, M., Brooks, T. M., Burgman, M., Hermes, C., ... & Butchart, S. H. (2021). How many bird and mammal extinctions has recent conservation action prevented? *Conservation Letters, 14*(1), e12762.

16. Bauer, F. & Knigge, M. (2022.06.08, 2022년 12월 20일 접속). Meeresschutz— Schutzfläche so groß wie Deutschland. KfW Entwicklungsbank. https://www. kfw.de/stories/umwelt/naturschutz/blue-action-fund-knigge/.

17. Güsten, S. & Roser, T. (2020.05.17, 2022년 12월 20일 접속). Pandemie verschafft der Natur etwas Ruhe—Tierisches Spektakel im Mittelmeer. *Tagesspiegel.* https://www.tagesspiegel.de/gesellschaft/panorama/tierisches-spektakel-im-mittelmeer-5067328.html.

18. Roser, T. (2020.05.14, 2022년 12월 20일 접속). In der Corona-Krise kehren Delfine und Wale an die Adria zurück. *Frankfurter Rundschau.* https://www. fr.de/panorama/corona-krise-delfine-wale-adria-ruekkehr-rueckenflossen-13760422.html.

19. Fische in Venedig, Tauben in Benidorm: Tiere in der Corona-Krise (2020.03.21, 2022년 12월 20일 접속). *Greenpeace Magazin.* https://www.greenpeace-magazin.de/ticker/fische-venedig-tauben-benidorm-tiere-der-corona-krise.

20. Orme, C. D. L., Davies, R. G., Burgess, M., ... & Owens, I. P. (2005). Global hotspots of species richness are not congruent with endemism or threat. *Nature, 436*(7053), 1016-1019.

21. BirdLife International (2023년 1월 9일 접속). Species factsheet: Ploceus golandi. BirdLife International. https://datazone.birdlife.org/species/factsheet/clarkes-weaver-ploceus-golandi.

22. Orme, C. D. L., Davies, R. G., Burgess, M., ... & Owens, I. P. (2005). Ibidem.

23. Newbold, T., Hudson, L.N, Arnell, A. P., ... & Purvis, A. (2016). Has land

use pushed terrestrial biodiversity beyond the planetary boundary? A global assessment. *Science, 353*(6296), 288-291.

24. Bundesministerium für wirtschaftliche Zusammenarbeit & Entwicklung (2022년 12월 20일 접속). Biodiversität erhalten—Überleben sichern. BMZ. https://www.bmz.de/de/themen/biodiversitaet.

25. Bundesministerium für wirtschaftliche Zusammenarbeit & Entwicklung (2022년 12월 20일 접속). Der Legacy Landscapes Fund: Biologische Vielfalt für die Menschheit bewahren. BMZ. https://www.bmz.de/de/themen/biodiversitaet/legacy-landscapes-fund.

26. Ibidem.

27. Ibidem.

28. Namibia rhino poaching surges in June, ministry says (2022.06.15, 2022년 12월 20일 접속) Reuters. https://www.reuters.com/world/africa/namibia-rhino-poaching-surges-june-ministry-says-2022-06-15/.

29. Fuhr, E. (2013.07.12, 2022년 12월 20일 접속). Das Nashorn hat viele Beschützer—die ihm schaden. *Die Welt.* https://www.welt.de/debatte/kolumnen/Fuhrs-Woche/article117989110/Das-Nashorn-hat-viele-Beschuetzer-die-ihm-schaden.html.

30. Duden (2022년 12월 20일 접속). Natur. Duden. https://www.duden.de/rechtschreibung/Natur.

31. Survival International (2014). Parks need peoples—why evictions of tribal communities from protected areas spell disaster for both people and nature. Survival International. https://assets.survivalinternational.org/documents/1324/parksneedpeoples-report.pdf.

32. Vidal, J. (2020.11.26, 2022년 12월 20일 접속). "Large-scale human rights violations" taint Congo national park project. *The Guardian.* https://www.theguardian.com/world/2020/nov/26/you-habe-stolen-our-forest-rights-of-baka-people-in-the-congo-ignored.

33. Munro, P. (2021.11.29, 2023년 2월 5일 접속). Colonial Wildlife Conservation

and National Parks in Sub-Saharan Africa. Oxford Research Encyclopedia of African History. https://doi.org/10.1093/acrefore/9780190277734.013.195.

34. Sie töten Tiere zum Spass (2015.08.03, 2022년 12월 20일 접속). *Gala*. https://www.gala.de/stars/news/prominente-grosswildjaeger-sie-toeten-tiere-zum-spass-20240828.html.

35. World Wide Fund For Nature (2012.07.23, 2022년 12월 20일 접속). Juan Carlos nicht mehr Ehrenpräsident von WWF Spanien. WWF. https://www.wwf.at/juan-carlos-nicht-mehr-ehrenpraesident-von-wwf-spanien/.

36. Sie töten Tiere zum Spass (2015.08.03, 2022년 12월 20일 접속). Ibidem.

37. Semcer, C. E. (2019.09.06, 2022년 12월 20일 접속). Conservationists Should Support Trophy Hunting. PERC. https://www.perc.org/2019/09/06/conservationists-should-support-trophy-hunting/.

38. Mace, G. M. (2014). Whose conservation? *Science, 345*(6204), 1558-1560.

39. Pereira, L. M., Davies, K. K., den Belder, E. ... & Lundquist, C. J. (2020). Developing multiscale and integrative nature—people scenarios using the Nature Futures Framework. *People and Nature, 2*(4), 1172-1195.

40. Mace, G. M. (2014). Ibidem.

41. Pereira, L. M., Davies, K. K., den Belder, E. ... & Lundquist, C. J. (2020). Ibidem.

42. Berghöfer, A., Bisom, N., Huland, E., ... & van Zyl, H. (2021). Africa's Protected Natural Assets: The importance of conservation areas for prosperous and resilient societies in Africa. Deutsche Gesellschaft für Internationale Zusammenarbeit, Eschborn, Germany, and Helmholtz Centre for Environmental Research, Leipzig, Germany. https://www.giz.de/de/downloads/giz-2021-en-africas-protected-natural-assets-executive-summary-english.pdf. p. 3.

43. Berghöfer, A., Bisom, N., Huland, E., ... & van Zyl, H. (2021). Ibidem. p. 4.

44. Ibidem.

45. Garnett, S. T., Burgess, N. D., Fa, J. E., Fernández-Llamazares, Á., Molnár, Z., Robinson, C. J., ... & Leiper, I. (2018). A spatial overview of the global

importance of Indigenous lands for conservation. *Nature Sustainability, 1*(7), 369-374.

46. Fa, J. E., Watson, J. E., Leiper, I., Potapov, P., Evans, T. D., Burges, N. D., ... & Garnett, S. T. (2020). Importance of Indigenous Peoples' lands for the conservation of Intact Forest Landscapes, *Frontiers in Ecology and the Environment, 18*(3), 135-140.

47. Schleicher, J., Peres, C. A., Amano, T., ... & Leader-Williams, N. (2017). Conservation performance of different conservation governance regimes in the Peruvian Amazon. *Scientific Reports, 7*(1), 1-10.

48. Notess, L. & Veit, P. (2018.07.11, 2022년 12월 20일 접속). As Indigenous Group Wait Decades for Land Titles. Companies Are Acquiring Their Territories. World Resources Institute. https://www.wir.org/insights/indigenous-groups-wait-decades-land-titles-companies-are-acquiring-their-territories.

49. United Nations Environment Programme (2022년 12월 20일 접속). Article 8. In-situ Conversation. Convention on Biological Diversity. UNEP. https://www.cbd.int/convention/articles/?a=cbd-08.

50. IPBES (2019), Ibidem. p. 15, p. 16: C3장.

51. European Commission (2020.05.20, 2022년 12월 20일 접속). EU-Biodiversitäts-strategie. European Commission. https://eur-lex.europa.eu/legal-content/DE/TXT/HTM/?uri=CELEX:52020DC0380&from=DE. 2.1.

52. Bauer, F. & Lang, S. (2021.05.19, 2022년 12월 20일 접속). Umwelt—"Eine neue Dimension im Naturschutz". Kfw Entwicklungsbank. https://www.kfw.de/stories/umwelt/naturschutz/legacy-landscapes-fund/.

53. Bauer, F. (2022.09.12, 2023년 1월 9일 접속). Der Natur mehr Raum geben. Deutschland.de. https://www.deutschland.de/de/topic/umwelt/deutschland-finanziert-schutzgebiete-legacy-landscapes-fund.

54. Senckenberg Biodiversity and Climate Research Centre & Frankfurt Zoological Society (2022년 12월 20일 접속). Setting global priorities for longterm conservation. Il-evaluation-support-tool. shinyapps.io. https://Il-evaluation-support-

tool.shinyapps.io/legacy_landscapes_dst/.

55. Legacy Landscapes Fund (2022년 12월 20일 접속). North Luangwa National Park Zambia. Africa. legacylandscapes.org. https://legacyscapes.org/project/north-luangwa-national-park-zambia-africa/.

56. Legacy Landscapes Fund (2022년 12월 20일 접속). Odzala-Kokoua National Park Republic of Congo. Africa. legacylandscapes.org. https://legacyscapes.org/project/odzala-kokoua-national-park/.

57. Legacy Landscapes Fund (2022년 12월 20일 접속). Madidi National Park Bolivia. South America. legacylandscapes.org. https://legacyscapes.org/project/madidi-national-park-bolivia-south-america/.

58. Bundesministerium für wirtschaftliche Zusammenarbeit & Entwicklung (2022년 12월 20일 접속). Der Legacy Landscapes Fund. Biologische Vielfalt für Menschheit bewahren. BMZ. https://www.bmz.de/de/themen/biodiversitaet/legacy-landscapes-fund.

59. Bergöfer, A., Bisom, N., Huland, E., ... & van Zyl, H. (2021). Africa's Protected Natural Assets: Ibidem. p. 4.

60. IUCN (2010). 50 Years of Working for Protected Areas. Ibidem, p. 1.

61. Farwig, N., Sajita, N., & Böhning-Gaese, K. (2008). Conservation value of forest plantations for bird communities in western Kenya. *Forest Ecology and Management, 255*(11), 3885-3892.

62. Ibidem.

63. Poorter, L., Craven, D., Jakovac, C. C., ... & Hérault, B. (2021). Multidimensional tropical forest recovery. *Science, 374*(6573), 1370-1376.

64. Großmann-Krieger, J., Carstens, P. & Rinaudo, T. (2019.01.17, 2022년 12월 20일 접속). Dieser Mann verwandelt Wüsten in blühende Landschaften. GEO. https://geo.de/natur/nachhaltigkeit/20772-rtkl-tony-rinaudo-dieser-mann-verwandelt-bluehende-landschaften.

65. African Forest Landscape Restoration Initiative (2022년 12월 20일 접속). arf100. afr100.org. https://afr100.org/content/home.

66. Deutsche Bundesstiftung Umwelt (2021.08.27, 2022년 12월 20일 접속). Joosten: Moore muss nass! DBU. https://www.dbu.de/123artikel39143_2418.html.

67. Greifswald Moor Centrum (2022년 12월 20일 접속). Moore in Deutschland. Greifswald Moor Centrum. https://www.moorwissen.de/moore-in-deutschland. html.

68. Deutsche Bundesstiftung Umwelt (2021.08.27, 2022년 12월 20일 접속). Ibidem.

69. Greifswald Moor Centrum (2022년 12월 20일 접속). Ibidem.

70. Tucholsky, K. (2019). "Vorn die Ostsee, hinten die Friedrichstraße", Insel-Verlag.

7 바라건대 고대했던 출발이기를

1. United Nations Climate Change (2015.12.13, 2023년 1월 16일 접속). Historic Paris Agreement on Climate Change: 195 Nations Set Path to Keep Temperature Rise Well Below 2 Degrees Celsius. UNFCCC. https://unfccc.int/news/finale-cop21.

2. BlackRock (2023년 1월 16일 접속). Environmental sustainability. BlackRock. https://www.blackrock.com/corporate/responsibility/environmental-sustain ability.

3. Convention on Biological Diversity & United Nations Environment Programme (2022.12.18, 2023년 1월 9일 접속). Kunming-Montreal Global biodiversity framework—Draft decision submitted by the President. CBD, Montreal, Quebec, Canada & UNEP, Nairobi, Kenya. https://www.cbd.int/doc/c/e6d3/cd1d/daf663719a03902a9b116c34/cop-15-1-25-en.pdf.

4. Bundesministerium für wirtschaftliche Zusammenarbeit und Entwicklung (2023년 1월 16일 접속). UN-Konferenz für Umwelt und Entwicklung (Rio-Konferenz 1992). BMZ. https://www.bmz.de/de/service/lexikon/un-konferenz-fuer-umwelt-und-entwicklung-rio-konferenz-1992-22238.

5. Convention on Biological Diversity & United Nations Environment Programme

(1992.06.05, 2023년 1월 16일 접속). Convention on Biological Diversity. CBD, Montreal, Quebec, Canada & UNEP, Nairobi, Kenya. https://www.cbd.int/doc/legal/cbd-en.pdf.

6. Convention on Biological Diversity & United Nations Environment Programme (2000.01.29, 2023년 1월 16일 접속). Cartagena Protocol on Biosafety to the Convention on Biological Diversity. CBD, Montreal, Quebec, Canada & UNEP, Nairobi, Kenya. https://bch.cbd.int/protocol/outreach/new%20protocol%20text%202021/cbd%20cartagenaprotocol%202020%2020en-f%20web.pdf.

7. Convention on Biological Diversity (2023년 1월 16일 접속). Aichi Biodiversity Targets. CBD. https://www.cbd.int/sp/targets/.

8. Gries, T. & Lemke, S. (2022.12.20, 2023년 1월 16일 접속). Neues Weltnaturabkommen—Bundesumweltministerin: "Große Schwierigkeit diese Ziele auch umzusetzen" Deutschlandfunk. https://www.deutschlandfunk.de/weltnatur konferenz-montral-biodiversitaet-steffi-lemke-weltnaturabkommen-100.html.

9. Léveillé, J. T. & Champagne, É. P. (2022.12.19, 2023년 1월 16일 접속). Un accord "historique" pour renverser le déclin mondial de la biodiversité a été arraché dans la nuit de dimanche à lundi, à la 15e conférence des Nations unies sur la biodiversité(COP15), à Montréal. La Presse. https://www.lapresse.ca/actualites/environment/2022-12-19/cop15/un-accord-historique-adopte-dans-la-bisbille.php.

10. Convention on Biological Diversity & United Nations Environment Programme (2022.12.18, 2023년 1월 9일 접속). Kunming-Montreal Global biodiversity framework. Ibidem, p. 4. 이어지는 두 단락에 나오는 내용은 바로 이 출처에서 나온 것이다. 본문의 목표는 바로 이 문서에서 목표로 하는 내용과 관련된다.

11. Ibidem, p. 8.

12. Bundesministerium für wirtschaftliche Zusammenarbeit und Entwicklung (2023년 1월 16일 접속). 15. Weltnaturkonferenz schafft starke neue Basis im globalen Einsatz gegen Naturzerstörung und Artensterben. BMZ. https://www.bmz.de/de/aktuelles/aktuelle-meldungen/cop15-neue-basis-einsatz-

gegen-naturzerstoerung-und-artensterben-135672.

13. Convention on Biological Deversity & United Nations Environment Programme (2022.12.18, 2023년 1월 9일 접속). Resource mobilization—Draft decision submitted by the President. CBD, Montreal, Quebec, Canada & UNEP, Nairobi, Kenya. Ibidem.

14. Ibidem, p. 3.

15. Global Environment Facility (2023.12.16.). Funding. https://www.thegef.org/who-we-are/funding.

16. Convention on Biological Deversity & United Nations Environment Programme (2022.12.18, 2023년 1월 16일 접속). Kunming-Montreal Global biodiversity framework. Ibidem, p. 9.

17. Biodiversity Information System for Europe (2023년 1월 16일 접속). Other effective area-based conservation measure. Biodiversity Information System for Europe. https://biodiversity.europa.eu/protected-area/other-effective-area-based-conservation-measures.

18. Appsilon (2021.11.21, 2023년 1월 16일 접속). Protecting Gabon Wildlife—Using AI for Biodiversity Conservation. Appsilon. https://appsilon.com/gabon-wildlife-ai-for-biodiversity-conservation/.

19. The World Bank (2023년 1월 16일 접속). Terrestrial protected areas (% of total land area)—Gabon. The World Bank. https://data.worldbank.org/indicator/ER.LND.PTLD.ZS?locations=GA.

20. World Wide Fund For Nature (2017.03.20, 2023년 1월 16일 접속). Meeres-schutzgebiet in Deutschland. WWF-Deutschland. https://www.wwf.de/themen-projekte/meere-kuesten/meeresschutzgebiete/meeresschutzgebiete-in-deutschland.

21. Bundesamt für Naturschutz (2017.10.18, 2023년 1월 16일 접속). Die Meeres-schutzgebiete in der deutschen ausschliesslchen Wirtschaftszone der Nordsee—Beschreibung und Zustandsbewertung. BfN. https://www.bfn.de/sites/default/files/BfN/service/Dokumente/skripten/skript477.pdf. p. 27: 표 B와 p. 32: 표 D.

22. Bundesministerium für Umwelt, Naturschutz, nukleare Sicherheit und Verbrauerschutz (2023년 1월 16일 접속). Meeresschutzgebiete. BMUV. https://www.bmuv.de/faqs/meeresschutzgebiete/.

23. Baer J., Smaal A., van der Reijden K., & Nehls G. (2017, 2023년 1월 16일 접속). Wadden Sea Quality Status Report 2017. Common Wadden Sea Secretariat. Wilhelmshaven, Germany.qsr.waddenseaworldheritage.org/reports/fisheries.

24. Nationalpark Wattenmeer (2023년 1월 16일 접속). Fischerei & Aquakultur. Nationalpark Wattenmeer. https://www.nationalpark-wattenmeer.de/wissensbeitrag/fischerei/.

25. Convention on Biological Diversity & United Nations Environment Programme (2022.12.18, 2023년 1월 16일 접속). Ibidem, p. 10.

26. Umweltbundesamt (2021.12.03, 2023년 1월 16일 접속). Umweltschädliche Subventionen in Deutschland. Umweltbundesamt. https://www.umwelt bundesamt.de/daten/umwelt-wirtschaft/umweltschaedliche-subventionen-in-deutschland#umweltschadliche-subventionen.

27. Convention on Biological Diversity & United Nations Environment Programme (2022.12.18, 2023년 1월 16일 접속). Ibidem, p. 11.

28. World Economic Forum (2020). The Future of Nature And Business—New Nature Economy Report II. WEF, Geneva, Switzerland. https://www3.weforum.org/docs/WEF_The_Future_Of_Nature_And_Business_2020.pdf. p. 8.

29. PBL. Netherlands Environmental Assessment Agency (2020.06.19, 2023년 1월 16일 접속). Indebted to nature. Exploring biodiversity risks for the Dutch financial sector. PBL. Netherlands Environmental Assessment Agency. https://www.pbl.nl/en/publications/indebted-to-nature.

30. Svartzman, R., Espagne E., Gauthey, J., ... & Valliere, A. (2021.08.27, 2023년 1월 16일 접속). A "Silent Spring" for the Financial System? Exploring Biodiversity-Related Financial Risks in France. Banque de France. https://publications.banque-france.fr/en/silent-spring-financial-system-exploring-biodiversity-related-financial-risks-france.

31. Peiß, S. (2022, 2023년 1월 16일 접속). Verlust der Biodiversität—das unter-schätzte Risiko. Linkedin. https://www.linkedin.com/posts/stefan-pei%C3%9F_biodiversity-biodiversitycollapse-cop15-activity-6954683634230419456-3kPo/.

32. Sparkassen (2023년 1월 16일 접속). So investieren Sie in Green Bonds. Sparkasse. https://www.sparkasse.de/themen/wertpapiere-als-geldanlage/green-bonds.html.

33. Ibidem.

34. Global Green Bond Market Report 2022: Market was Valued $ 433.30 Billion in 2021—Forecast to 2027 (2022.03.22, 2023년 1월 16일 접속). PRNewswire. https://www.prnewswire.com/news-releases/global-green-bond-market-report-2022-market-was-valued-at-433-30-billion-in-2021---forecast-to-2027--301507857.html.

35. Henry, P. (2021.10.26, 2023년 1월 16일 접속). What are green bonds and why is this market growing so fast? World Economic Forum. https://www.weforum.org/agenda/2021/10/what-are-green-bonds-climat-change/.

36. Cordon, S. (2020.10.29, 2023년 1월 16일 접속). Green bonds fall short in biodiversity and sustainable land-use finance, says research. Global Landscapes Forum. https://news.globallandscapesforum.org/48072/green-bonds-fall-short-in-biodiversity-and-sustainable-land-use-finance-says-research/.

37. Bauer, F. & Pörtner, H. O. (2022.10.4, 2023년 1월 16일 접속). Wir übersehen permanent die rote Ampel. KfW Entwicklungsbank. https://www.kfw.de/stories/umwelt/klimaschutz/interview_poertner/.

38. Legacy Landscapes Fund (2021.05.19, 2023년 1월 16일 접속). Launch of the Legacy Landscapes Fund [Video]. YouTube.

39. IPBES & IPCC (2021). IPBES_IPCC Co-Sponsored Workshop Report on Biodiversity and Climate Change. Pörtner, H. O., Scholes, R. J., Agard, J., ... & Ngo, H. T.(eds.). IPBES secretariat, Bonn, Germany & IPCC, Cambridge, UK and New York, NY, USA. DOI: https://doi.org/10.5281/zenodo.4920414.

40. Gardner, C. J., Bicknell, J. E., Baldwind-Cantello, W., Struebig, M. J., &

Davies, Z. G. (2019). Quantifying the impact of defaunation on natural forest regeneration in a globlal meta-analysis. *Nature Communication, 10*(1), 1-7.

41. Bastin, J. F., Finegold, Y., Garcua, C., ... & Crowther, T. W. (2019). The global tree restoration potential. *Science, 365*(6448), 76-79.

42. Das ist die wirksamste Waffe gegen den Klimawandel (2019.07.05, 2023년 1월 16일 접속). *Handelsblatt.* https://www.handelsblatt.com/technik/forschung-innovation/sudie-der-eht-zuerich-das-ist-die-wirksamste-waffe-gegen-den-klimawandel/24527970.html.

43. Krapp, C. (2019.10.19, 2023년 1월 16일 접속). Forscher dämpfen Erwartung an Aufforstung. *Forschung und Lehre.* https://www.forschung-und-lehre.de/forschung/forscher-daempfen-erwartungen-an-aufforstung-2228/.

44. Wissenschaftlicher Beirat der Bundesregierung Globale Umwelt-veränderungen (2020). Landwende im Anthropozän: Von der Konkurrenz zur Integration. WBGU. https://www.wbgu.de/fileadmin/user_upload/wbgu/publikationen/hauptgutachten/hg2020/pdf/WBGU_HG2020.pdf. p. 72.

45. Ibidem.

46. Seddon, N. (2022). Harnessing the potential of nature-based solutions for mitigating and adapting to climate change. *Science, 376*(6600), 1410-1416.

47. Ibidem.

48. Hof, C., Voskamp, A., Biber, M. F., Böhning-Gaese, K., ... & Hickler, T. (2018). Bioenergy cropland expansion may offset positive effects of climate change mitigation for global vertebrate diversity. *Proceedings of the National Academy of Science, 115*(52), 13294-13299.

49. Seddon, N. (2022). Harnessing the potential of nature-based solutions for mitigating and adapting to climate change. Ibidem.

50. Fernandes, G. W., Coelho, M. S., Machado, R. B., ... & Lopes, C. R. (2016). Afforestation of savannas: an impending ecological disaster. *Natureza & Conservacao 14*, 146-151.

51. Dudley, N., Timmers, J. F., Fleckenstein, M., ... & Shapiro, A. (2020). Grass-

lands, Savannahs and the UN Decade on Ecosystem Restoration. World Wide Fund For Nature. https://globallandusechange.org/wp-content/uploads/ 2021/04/ABSTRACT_UN_DECADE_GRASSLAND_ECOSYSTEMS.pdf.

52. Lenz, J., Fiedler, W., Caprano, T., ... & Böhning-Gaese, K. (2011). Seed-dispersal distributions by trumpeter hornbills in fragmented landscapes. *Proceedings of the Royal Society B: Biological Sciences, 278*(1716), 2257-2264.

53. IPBES & IPCC (2021). IPBES-IPCC Co-Sponsored Workshop Report on Biodiversity and Climate Change. Pörtner, H. O.. Scholes, R. J., Agard, J., ... & Ngo, H. T.(eds). Ibedem.

54. Convention on Biological Diversity & United Nations Environment Programme (1992.06.05, 2023년 1월 16일 접속). Monitoring framework for the Kunming-Montreal global biodiversity framework—Draft decision submitted by the President. CBD, Montreal, Quebec, Canada & UNEP, Nairobi, Kenya. https://www.cbd.int/doc/c/179e/aecb/592f67904bf07dca7d0971da/cop-15-l-26-en.pdf.

55. Convention on Biological Diversity & United Nations Environment Programme (1992.06.05, 2023년 1월 16일 접속). Mechanisms for planning, monitoring, reporting and review—Draft decision submitted by the President. CBD, Montreal, Quebec, Canada & UNEP, Nairobi, Kenya. https://www.cbd.int/doc/c/eob8/a1e2/177ad9514f99b2cff9b251a2/cop-15-l-27-en.pdf.

56. European Commission (2022). Protecting 30% of the EU for Nature and People. European Commission. https://op.europa.eu/o/opportal-service/download-handler?identifier=2f41bbd8-9916-11ec-8d29-01aa75ed71a1&format=pdf&language=en&productionSystem=cellar&part=. 여기서 비율은 Natura 2000 영역과 토양에만 한정해서 보호하는 구역을 포함하고 있고, 그래서 6장에서 제시한 수치에 비해서 더 높다.

57. Minister befürwortet lockerere Agrar-Umweltregeln der EU (2022.07.23, 2023년 1월 16일 접속). *Zeit Online*. https://www.zeit.de/news/2022-07/23/minister-

befuerwortet-lockerere-agrar-umweltregeln-der-eu.

58. Fortuna, G. & Foote, N. (2022.07.27, 2023년 1월 16일 접속). EU는 곡물 생산을 늘리기 위해 환경 조치에 대한 완화책을 더 많이 채택한다. Euractive. https://www.eruactive.com/section/agriculture-food/news/eu-adopts-further-relaxation-of-environmental-measures-to-increase-cereal-production/.

59. Convention on Biological Diversity (2023년 1월 16일 접속). Aichi Biodiversity Targets. CBD. https://www.cbd.int/sp/targets/.

8 지식에서 행동으로

1. Goodall, J. (2018.11.03, 2022년 12월 20일 접속). "The most intellectual creature to ever walk Earth is destroying its only home". *The Guardian*. https://www.theguardian.com/environment/2018/nov/03/the-most-intellectual-creature-to-ever-walk-earth-is-destroying-its-only-home.

2. Leclère, D., Obersteiner, M., Barrett, M., ... & Young, L. (2020). Bending the curve of terrestrial biodiversity needs an integrated strategy. *Nature, 585*(7826), 551-556.

3. Kimmerer, R. W. (2021). Geflochtenes Süßgras. Aufbau Verlag.

4. Filmdienst (2022년 12월 20일 접속). Mein Lehrer, der Krake. filmdienst.de. https://www.filmdienst.de/film/details/617010/mein-lehrer-der-krake.

5. Convention on Biological Diversity & United Nations Environment Programme (1992.06.05, 2023년 1월 9일 접속). Strategic Plan for Biodiversity 2011-2020 and the Aichi Targets. CBD, Montreal, Quebec, Canada & UNEP, Nairobi, Kenya. https://www.cdb.int/doc/strategic-plan/2011-2020/Aichi-Targets-EN.pdf.

6. Convention on Biological Diversity & United Nations Environment Programme (2022.12.18, 2023년 1월 9일 접속). Monitoring framework for the Kunming-Montreal global biodiversity framework—Draft decision submitted by the President. CBD, Montreal, Quebec, Canada & UNEP, Nairobi, Kenya. https://

www.cdb.int/doc/c/e6d3/cd1d/daf663719a03902a9b116c34/cop-15-l-25-en. pdf. pp. 9-13.

7. Convention on Biological Diversity & United Nations Environment Programme (2022.12.18, 2023년 1월 9일 접속). Kunming-Montreal global biodiversity framework—Draft decision submitted by the President. CBD, Montreal, Quebec, Canada & UNEP, Nairobi, Kenya. Ibidem, pp. 11, 13.

8. REN21 (2022). Renewables 2022 Global Status Report. REN21 Secretariat, Paris, France. https://www.ren21.net/wp-conten/uploads/2019/05/GSR2022_Full_ Report.pdf. p. 24

9. Convention on Biological Diversity & United Nations Environment Programme (2022.12.18, 2023년 1월 9일 접속). Kunming-Montreal global biodiversity frame-work—Draft decision submitted by the President. CBD, Montreal, Quebec, Canada & UNEP, Nairobi, Kenya. Ibidem, p. 8.

10. World Economic Forum (2020). The Future of Nature And Business—New Nature Economy Report II. WEF, Geneva, Switzerland. Ibidem.

11. Eruopean Commission (2022년 12월 20일 접속). Die Gemeinsame Agrarpolitik auf einen Blick. agriculture.ec.europa.eu. https://agriculture.ec.europa.eu/ common-agricultural-policy/capoverview/cap-glance_de.

12. Dasgupta, P. (2021), The Economics of Biodiversity: The Dasgupta Review. HM Treasury. https://assets.publishing.service.gov.uk/government/uploads/ system/uploads/attachment_data/file/962785/The_Economics_of_Biodiversity_ The_Dasgupta_Review_Full_Report.pdf. pp. 219-220 표 A8.1.

13. Ibidem.

14. Ibidem.

15. Ibidem. p. 467.

16. Bethge, P. (2021.02.02, 2022년 12월 20일 접속). Was kostet die Welt? *Der Spiegel*. https://www.spiegel.de/wissenschaft/natur/dasgupta-report-zur-biodiversitaet-was-kostet-die-welt-a-8447cc51-be9d-4774-9201-1da427c6o816.

17. Dallmus, A. (2021.08.03, 2022년 12월 20일 접속). Was sind unsere Lebens-

mittel wirklich wert? Bayerische Rundfunk. https://www.br.de/radio/bayern1/
lebensmittelpreise-104.html.

18. Dasgupta, P. (2021), The Economics of Biodiversity: The Dasgupta Review.
Ibidem.

19. Gallai, N., Salles, J. M., Settele, J., & Vaissière, B. E. (2009). Economic valu-
ation of the vulnerability of world agriculture confronted with pollinator
decline. *Ecological Economics, 68*(3), 810-821.

20. Lautenbach, S., Seppelt, R., Liebscher, J., & Dormann, C. F. (2012). Spatial
and temporal trends of global pollination benefit. *PLoS one, 7*(4), e35954.

21. Kleijn, D., Winfree, R., Bartonmeus, I., Carvalheiro, L. G., Henry, M., Isaacs,
R., ... & Potts, S. G. (2015). Delivery of crop pollination services is an insuf-
ficient argument for wild pollinator conservation. *Nature Communications,
6*(1), 1-9.

22. KPMG (2022년 12월 21일 접속). Reporting the risk of biodiversity loss.
KPMG. https://kpmg.com/xx/home/insights/2022/09/survey-of-sustainability-
reporting-2022/biodiversity.html.

23. Business for Nature (2022년 12월 21일 접속). Make it mandatory. Business for
Nature. https://www.businessfornature.org/make-it-mandatory-campaign#MIM-
signatory-list.

24. Fenwick, C. (2022.11.17, 2022년 12월 21일 접속). EFRAG approved the European
Sustainability Reporting Standards. Onetrust. https://www.onetrust.com/blog/
efrag-eu-sustainability-reporting-standards/.

25. European Financial Reporting Advisory Group (2022년 12월 21일 접속). First
Set of draft ESRS. EFRAG. https://www.efrag.org/lab6?AspxAutoDetectCooki
eSupport=1.

26. European Financial Reporting Advisory Group (2022.11.23, 2022년 12월 21일
접속). EFRAG delivers the first set of draft ESRS to the European Commission.
EFRAG. https://www.efrag.org/News/Public-387/EFRAG-delivers-the-first-
set-of-draft-ESRS-to-the-European-Commission.

27. Kateifides, A. (2022.12.19, 2022년 12월 21일 접속). CSRD: EU ESG disclosure rule is approved. Onetrust. https://www.onetrust.com/blog/eu-csrd-corporate-sustainability-reporting-directive/.

28. International Financial Reporting Standards Foundation (2022.03.31, 2022년 12월 21일 접속). ISSB delivers proposals that create comprehensive global baseline of sustainability disclosures. IFRS. https://www.ifrs.org/news-and-events/news/2022/03/issb-delivers-proposals-that-create-comprehensive-global-baseline-of-sustainability-disclosures/.

29. International Financial Reporting Standards Foundation (2022). ISSB Consultation on Agenda Priorities—Projects to be included in Request for Information. IFRS. http://www.ifrs.org/content/dam/ifrs/meeting/2022/december/issb/ap2-issb-consultation-on-agenda-priorities-projects-to-be-included-in-request-for-information.pdf.

30. Bundesinformationszentrum Landwirtschaft (2022.01.26, 2022년 12월 21일 접속). Digitalisierung in der Landwirtschaft. Bundesinformationszentrum Landwirtschaft. https://www.landwirtschaft.de/landwirtschaft-verstehen/wie-funktioniert-landwirtschaft-heute/digitalisierung-in-der-landwirtschaft/.

31. Ibidem.

32. Elliott, R. (2019.07.08, 2022년 12월 21일 접속). Mobile Phone Penetration Throughout Sub-Saharan Africa. GeoPoll. https://www.geopoll.com/blog/mobile-phone-penetration-africa/.

33. Servico Nacional Forestal y de Fauna Silvestre (2022년 12월 21일 접속). Data-BOSQUE.SERFOR. https://www.serfor.gob.pe/databosque/.

34. Bao, C. (2020). Ein digitaler Personalausweis für Bäume. GIZ. https://cooperacionalemana.pe/GD/1133/Infosheet_Ein_digitaler_Personalausweis_f%C3%BCr_B%C3%A4ume.pdf.

35. Cordon, S. (2020.10.29, 2022년 12월 21일 접속). Green bonds fall short in biodiversity and sustainable land-use finance, says research. Landscape News. https://news.globallandscapesforum.org/48072/green-bonds-fall-short-

in-biodiversity-and-sustainable-land-use-finance-says-research/.

36. Mukherjee, P. & Sithole-Matarise, E. (2022.03.25, 2022년 12월 21일 접속). World Bank sells first 'rhino' bond to help South Africa's conservation efforts. *Reuter*. https://www.reuter.com/business/sustainable-business/world-bank-sells-first-rhino-bond-helt-safricas-conservation-efforts-2022-03-24/.

37. The World Bank (2022.03.23, 2022년 12월 21일 접속). Wildlife Conservation Bond Boosts South Africa's Effort to Protect Black Rhinos and Support Local Communities.

38. Sguazzin, A. (2022.03.24, 2022년 12월 21일 접속). Rhino Bond Sold by World Bank in First Issuance of Its Kind. *Bloomberg*. https://www.bloomberg.com/news/articles/2022-03-24/rhino-bond-is-sold-by-world-bank-in-first-issuance-of-its-kind?leadSource=uverify%20wall.

39. Naturwald Akademie (2022년 12월 21일 접속). FFH-Wälder besser beschützt—Urteil mit Signalwirkung. Naturwald Akademie. https://www.naturwald-akademie.org/waldwissen/walddiskurs/urteil-schuetzt-ffh-waelder-besser/.

40. Sächsisches Oberverwaltungsgericht (2020.06.09.). 서류번호: 4B 126/19. Sächsisches Oberverwaltungsgericht. https://www.justiz.sachsen.de/ovgentschweb/documents/19B126.pdf.

41. Bundesverfassungsgericht (2021.04.29, 2022년 12월 21일 접속). Verfassungs-beschwerde gegen das Klimaschutzgesetz teilweise erfolgreich. BV erfG. https://www.bundesverfassungsgericht.de/SharedDocs/Entscheidungen/DE/2021/03/rs20210324_1bvr265618.html;jsessionid=DD2A7085A0A9706A506C597E9CA4CAF1.1_cid329.

42. Bundesverfassungsgericht (2021.03.24.)—1BvR 2656/18—, Rn.1-270. BV erfG. https://www.bundesverfassungsgericht.de/SharedDocs/Downloads/DE/2021/03/rs20210324_1bvr265618.pdf?_blob=publicationFile&v=7.

43. IWR-Institut der Regenerativen Energiwirtschaft (2022.07.08, 2022년 12월 22일 접속). Bundestag beschließt Osterpaket. IWR. https://www.iwr.de/news/bundestag-beschliest-osterpaket-news37978.

44. Weydt, E. (2022.07.06, 2022년 12월 21일 접속). Im Namen der Natur. *Chrismon Plus*. https://chrismon.evangelisch.de/artikel/2022/52818/ecuador-die-rechte-der-natur.

45. Republic of Ecuador (2008.10.20, 2022년 12월 21일 접속). Constitution of the Republic of Ecuador. Political Database of the Americas. https://pdba.georgetown.edu/Constiturions/Ecuador/english08.html.

46. Gutman, A. (2019). Pachamama als Rechtssubjekt. *Zeitschrift für Umweltrecht, 11*, 611.

47. Ibidem.

48. Guzmán, V. (2021.12.09, 2022년 12월 21일 접속). Verfassungsgericht in Ecuador: Bergbau im Nebelwald verstößt gegen die Rechte der Natur. Amerika21. https://amerika21.de/2021/12/155888/ecuador-verfassungsgericht-rechte-natur.

49. United Nations Hamony with Nature (2022년 12월 21일 접속). Rights of Nature Law and Policy. United Nations Harmony with Nature. https://www.harmonywithnatureun.org/rightsOfNature/.

50. Kersten, J. (2020.03.06, 2022년 12월 21일 접속). Natur als Rechtssubjekt—Für eine ökologische Revolution des Rechts. Bundenszentrale für politische Bildung. https://www.bpb.de/shop/zeitschriften/apuz/305893/natur-als-rechtssubjekt/.

51. Billig, S. (2022.11.30, 2022년 12월 21일 접속). So könnte eine grüne Verfassung aussehen. Deutschlandfunk. https://www.deutschlandfunkkultur.de/jens-kersten-das-oekologische-grundgesetz-100.html.

52. Senckenberg (2022년 12월 21일 접속). Senckenberg Biodiversität und Klima Forschungszentrum Frankfurt/M. Senckenberg. https://www.senckenberg.de/de/institute/sbik-f/.

53. Bayerischer Philologenverband (2019.10.10, 2022년 12월 21일 접속). Nachhaltige Gymnsien. Bildungsklick. http://bildungsklick.de/schule/detail/nachhaltige-gymnasien.

54. Dasgupta, P. (2021), The Economics of Biodiversity: The Dasgupta Review.

Ibidem. p. 6.

55. Cox, D. T., Shanahan, D. F., Hudson, H. L., ... & Gaston, K. J. (2017). Doses of neighborhood nature: the benefits for mental health of living with nature. *BioScience, 67*(2), 147-155.

56. NABU (2022년 12월 21일 접속). Extensive Beweidung steigert die Arten-vielfalt—Rinder und Schafe schaffen Lebensraum für Insekten und Vögel. NABU. https://www.nabu.de/natur-und-landschaft/landnutzung/landwirtschaft/artenvielfalt/lebensraum/23771.html.

57. Granskog, A., Laizet, F., Lobis, M. & Sawers, C. (2020.07.23, 2022년 12월 21일 접속). Biodiversity: The next frontier in sustainable fashion. McKinsey & Company. https://www.mckinsey.com/industries/retail/our-insights/biodiversity-the-next-frontier-in-sustainable-fashion.

58. Ibidem.